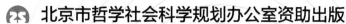 北京市哲学社会科学规划办公室资助出版

 首都高端智库报告

U0350197

京津冀生态领域
相关难点研究

首都经济贸易大学特大城市经济社会发展研究院

叶堂林　刘哲伟　严亚雯　白云凤 等 ◎ 著

首都经济贸易大学出版社

Capital University of Economics and Business Press

· 北 京 ·

图书在版编目（CIP）数据

京津冀生态领域相关难点研究 / 叶堂林等著.
北京 ：首都经济贸易大学出版社，2024.9. -- ISBN
978-7-5638-3578-2

Ⅰ．X321.22

中国国家版本馆 CIP 数据核字第 2024GG9376 号

京津冀生态领域相关难点研究

JINGJINJI SHENGTAI LINGYU XIANGGUAN NANDIAN YANJIU

叶堂林　刘哲伟　严亚雯　白云凤　等著

责任编辑	王　猛
封面设计	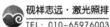 砚祥志远·激光照排 TEL: 010-65976003
出版发行	首都经济贸易大学出版社
地　　址	北京市朝阳区红庙（邮编 100026）
电　　话	(010) 65976483　65065761　65071505（传真）
网　　址	http://www.sjmcb.com
E - mail	publish@cueb.edu.cn
经　　销	全国新华书店
照　　排	北京砚祥志远激光照排技术有限公司
印　　刷	北京九州迅驰传媒文化有限公司
成品尺寸	170 毫米×240 毫米　1/16
字　　数	100 千字
印　　张	9.25
版　　次	2024 年 9 月第 1 版　2024 年 9 月第 1 次印刷
书　　号	ISBN 978-7-5638-3578-2
定　　价	45.00 元

图书印装若有质量问题，本社负责调换

前　言

　　生态环境保护是京津冀协同发展需率先突破的三个重点领域之一。10 年来，京津冀在生态协同方面取得了长足进展，三地合力施策，以联防联控、法治深化、标准协同、生态保护为重点任务，生态发展格局得到了逐步优化，生态分区管控初见成效，生态环境保护修复效果显著，生态环境监管监测稳中有进。在坚持"绿水青山就是金山银山"发展理念的同时，实现了生态本底不断夯实，生态质量稳步提升。取得显著成绩的同时，我们应充分意识到"生态协同"永远是进行时，面向未来，京津冀生态协同发展的核心方向应聚焦于构建一个全面、高效、和谐，同时包含底层生态资源和顶层生态联动机制的生态协同体系，实现区域内的生态、社会和经济的高质量发展，并引领全国的生态文明建设。在这一宏观目标的指导下，推进区域碳汇市场建设、建立生态补偿常态化机制、畅通生态产品价值实现机制将是推动这一战略目标实现的三个关键组成部分，同时也是目前京津冀生态领域中存在的亟待解决的难点问题。本书对区域碳汇市场建设、生态补偿常态化机制建设、生态产品价值实现机制建设作用于京津冀生态协同发展的机制路径进行了深度分析，并对京津冀在这些领域中的建设进展进行了梳理分析，以期识别推进三地生态协同发展的潜在联动机会，明确京津冀生态领域存在的难点问题，以及这些领域在未来建设过程中需要重点解决的关键环节，并提出对策建议。

一、难点问题

从相关难点的解决进展看，当前京津冀区域碳汇市场建设、生态补偿常态化机制建设、生态产品价值实现机制建设主要存在以下几个方面的问题。

（一）难点一：区域碳汇市场建设领域

一是京津冀碳交易的市场机制和规则并不成熟。尽管 2013 年北京就已经会同天津、河北、内蒙古等地签订了关于开展跨区域碳排放权交易合作研究的框架协议，但进展有限，市场竞争机制尚未完全发挥作用。由于三地碳市场的交易规则尚未完善，京津冀碳市场在交易规则、监管政策和执行力度等方面存在不足，导致出现碳信用的过度交易等问题。

二是在碳排放标准和碳补偿机制等方面缺乏有效统筹联动。京津冀三地由于经济发展水平、工业结构和环保目标不同，制定了不同的碳排放标准，北京设定了更严格的排放限制和更高的标准，天津和河北相对宽松。目前，京津冀政府性碳补偿实践主要是以财政补贴等形式开展，一定程度上抑制了碳补偿的经济激励作用，增加了三地政府的财政压力，不同程度地出现了治理资金短缺、经济成本较高等问题。

三是碳汇相关技术发展不均衡。卫星遥感、地面观测和生态模型模拟等监测技术在京津冀地区的应用尚未完全普及，而且地面观测受限于观测点的布局。另外，京津冀地区在建立有效的第三方验证机构、制定科学的验证标准和方法等方面仍处于起步阶段，缺乏有效的验证机制，导致出现夸大或虚报碳减排数据的现象。

四是碳汇核算标准不统一。三地在碳汇核算标准以及覆盖的领域上存在较大差异，目前只在低碳出行领域实现了碳减排量核算技术规范和标准的统一。

（二）难点二：生态补偿常态化机制建设领域

一是三地生态补偿实践过程中缺乏中央政府的纵向协调。在福建省政府的统一领导下，龙岩市、漳州市、厦门市就九龙江流域的生态问题形成了统一的生态补偿模式。然而，京津冀就生态问题并未形成有效的上级政府统一领导范式，虽然承德、张家口与北京签署了生态补偿协议，但三地之间进一步协商拓宽协议覆盖面是一个挑战。

二是京津冀生态补偿过程中的生态价值核算较为困难。京津冀尚未形成一个统一的价值评估标准，缺乏趋近真实且合理的生态价值核算标准体系，对生态价值量的评估难以达成一致意见，导致京津冀的生态价值核算过程中存在补偿标准较低、不同项目间补偿标准差距过大等问题，无法根据实际的运营成本确定具体的补偿标准。

三是生态补偿的资金来源渠道相对单一且缺乏可持续性。从生态补偿资金来源渠道看，补偿费用由多个机构分别管理，未形成统一的费用收管机制。从生态补偿收入的征收标准来看，没有明确划定生态补偿费用征收范围，尚未制定统一的征收标准。从财政支持来看，财政资金是京津冀地区生态补偿资金的主要来源渠道。

四是政府干预为主导的生态补偿模式未能激活市场主体参与的积极性。京津冀生态补偿机制主要是以三地政府推动为主，市场化力量参与相对不足，企业化的市场补偿机制和非营利性社会组织参与机制尚属空白。

（三）难点三：生态产品价值实现的建设领域

一是区域发展需求错配导致区域内生态产品价值实现联动困难。三地不同区域所处的经济发展阶段和状况也存在较大差别，承德、张家口等地面临生态涵养功能区保护和地方经济社会发展的双重压力，目前仅在塞罕坝林场、桑干河等局部区域形成了生态产品联动，其他区域的进展有待推进。

二是跨行政区域使得京津冀地区生态产品价值实现协调成本高。这主要表现在京津冀在评价各自主管行政区的生态发展成效时，往往无法兼顾周边区域的生态效益和其他外部性，三地政府横向之间较难自发地为周边区域的生态外部性"买单"，加大了京津冀跨区域生态产品价值实现的成本和难度。

三是京津冀地区生态产品价值核算方法存在较大差异。京津冀地区各自的生态资源禀赋不同，生态产品核算的核算范围、指标体系以及模型方法存在较大差异，目前尚未形成京津冀地区可推广借鉴的生态产品价值核算方法。从基于 GEP 考核的跨区域生态保护补偿来看，核算结果存在较大偏差，导致生态产品的定价困难，不利于京津冀地区生态产品的市场交易。

四是京津冀生态产品价值实现的市场化工具运用不足。京津冀绿色基金的运用仍然较为有限，现有的基金缺乏商品化、标准化以及可销售性等方面的优势，从而导致了绿色基金的资金规模和业务范围受到限制；另外绿色信贷、绿色债券等金融工具的运用还有待提高，尚未构建起异地绿色金融的授信机制，不利于生态产品价值在三地流通。

二、对策建议

总体而言，京津冀区域碳汇市场建设、生态补偿常态化机制建设、生态产品价值实现机制建设这三方面生态难点问题尚处于探索解决方法的前期阶段，未来应在关键领域和关键环节重点发力。

（一）碳汇市场建设方面

要重点关注以公平竞争为核心的区域碳汇市场政策和法规框

架，确保碳交易的有效性和公信力并建立与完善透明公正的市场机制，通过激发技术创新活力来提高碳汇市场效率并促进其健康发展，基于碳汇流转要求参与企业完善财务和投资结构，通过培育多元化的参与主体为区域碳汇市场的建设创造有利环境，具体来看：

一是集聚优势资源打造全国领先的区域绿色交易所，进一步参与全球环境权益交易，围绕碳量化、碳定价和碳金融等领域的环境权益与绿色资产认证标准及交易标准，使北京绿色交易所成为国内国际绿色交易资金的关键集散地和核心枢纽。

二是丰富碳定价机制并探索开设三地个人碳账户，构建完善三地统一的碳定价机制，建立标准统一的碳排放信息披露制度，在三地试点探索建立个人碳账户，加强环境权益类产品体系与交易体系的建设，真正让碳变成可测量、可估值、可确权、可供交易的金融性资产。

三是创新碳汇产品的绿色金融工具，探索异地发行机制，创新绿色金融工具，丰富绿色交易模式，积极为绿色企业提供绿色融资，让采用低碳生产方式和低碳生活方式的各主体在绿色发展中获益，并逐步探索三地间异地发行绿色金融产品的常态化机制，促进碳汇产品的流通。

四是以制度建设为抓手推进减污降碳协同合作，制定京津冀区域能源电力、工业、建筑和交通等重点领域碳减排路线图，并充分考虑河北产业发展特色与能源应用情况，处理好京津冀整体碳达峰与区域内13个城市有序碳达峰之间的关系；加强绿色生态屏障建设，扩大森林生态空间，有效增加森林碳汇能力，同时加强海洋碳汇建设，积极推进海洋岸电项目建设，推动岸电参与绿电交易，有效增加区域蓝色碳汇量。

（二）在生态补偿常态化机制建设方面

一是完善政府主导的生态补偿机制，建立以中央政府补偿为主、地方间横向补偿为辅的生态补偿机制，在中央政府与地方政府之间进行明确分工。要完善政府间横向财政转移支付制度，设立京津冀生态补偿专项资金，实行专门账户独立管理，对环境保护政策实施所形成的增支减收给予合理补偿。

二是完善市场运作的生态补偿机制，建立和完善碳排放权交易、排污权交易等市场化运作机制，完善生态产品质量资格认证制度，通过发行京津冀生态彩票、居民自发植树造林、慈善捐赠或者向碳基金组织购买碳汇、采取低碳生活模式等方式，鼓励民间组织和个人参与生态补偿。

三是完善生态补偿标准的确定机制，要综合考虑地区的发展阶段、地区补偿的承受能力和市场价格变化等，生态补偿上限应该考虑发展阶段和社会所能承受的最大限度，补偿下限应至少能弥补生态补偿直接成本，同时也要考虑生态涵养功能区发展的机会成本；探索共建国家级生态合作试验区，区内统一补偿标准，通过生态补偿政策的先行先试，为全国生态涵养区发展探索新路子。

四是完善生态补偿政策体系，尽快制定出台生态补偿条例及其实施细则和技术指南，明确各类主体参与生态补偿的权责界定，对生态补偿的违约行为作出明确的惩处规定；要以产业投资提升生态环境支撑区"造血"能力；适时开展生态补偿税（费）试点工作，将所征的环境税、气候税等税收通过基金投资的方式进行管理，提升补偿资金自身的"造血"功能。

（三）在生态产品价值实现机制建设方面

要重点关注生态资源指标建立、生态产品产权交易、生态治理效益、生态价值提升、生态产业化经营等环节，具体来看：

一是建立健全跨区域生态产品价值实现的统筹协调机制，明确在生态产品价值实现过程中的领导者，解决由于领导权威缺失所造成的跨区域生态产品价值实现过程中协调难的问题；设计制定清晰的制度流程，明确京津冀跨区域生态产品价值实现的运行模式；探索将生态产品供给能力、环境质量提升以及生态保护成效等有关指标纳入京津冀地区高质量发展的综合绩效评价体系。

二是共同编制京津冀生态产品目录清单，建立生态产品动态监测制度，定期收集与监测生态产品数量、质量等级、功能特点、权益归属、保护利用等情况的相关信息，搭建促进生态产品信息流动的生态产品信息云平台，提升区域生态产品价值实现的数字化程度，加速京津冀生态产品认证与生态标识体系建设。

三是加快京津冀地区生态产品价值评价体系构建，共同编制建立统一的生态产品价值核算指标体系，统一生态价值实现技术规范，提升三地生态产品价值核算的统一化与标准化。

四是完善生态产品价值实现支撑体系，京津冀应加快完成自然资源的统一确权登记工作，明确各类自然资源资产的产权主体与权属边界，合理扩大使用权种类，明确权责归属；积极培育具有生态产品价值转化功能的企业，从生态产品经营方式、生态资源权益交易类型等方面拓宽生态产品交易渠道；基于区域生态优势与市场需求，培育生态产品区域公用品牌，通过发挥品牌效应，推动生态资源权益交易，促进生态产品价值增值。

本研究系国家社会科学基金重大项目（23&ZD078）、国家自然科学基金面上项目（72373105）、教育部人文社会科学研究专项任务项目（23JD710022）的阶段性成果，同时也是首都经济贸易大学特大城市经济社会发展研究院（首都高端智库）、特大城市经济社会发展研究院省部共建协同创新中心、北京市经济社会发展政策研究基地、市属高校分类发展—京津冀协同发展与城市群系统演化的政产学研用平台构建的资助成果。

本书由叶堂林、刘哲伟、严亚雯、白云凤等 8 位作者共同完成。其中，理论分析部分由白云凤完成，碳汇市场建设进展部分由刘哲伟完成，生态补偿常态化机制建设进展部分由郭佳钦完成，生态产品价值实现建设进展部分由刘佳完成，典型案例分析与经验借鉴部分由王传恕完成，生态涵养区分析部分由张彦淑完成，其余部分由所有作者共同完成。

目 录
CONTENTS

1

第一章　研究背景、研究思路与理论基础

　　京津冀同处一个生态系统，生态环境保护是京津冀协同发展需率先突破的三个重点领域之一。10年来，京津冀在生态协同方面取得了长足进展，但以发展的眼光来看，京津冀生态协同发展也存在诸多难点问题。锚定这些难点问题，积极探索破解路径，是京津冀实现绿色发展的必由之路，同时也是高质量发展的应有之义。

一、研究背景

（一）纵观世界——破解生态相关难点是推动我国参与全球治理进程的关键路径

　　20世纪以来，威胁人类生存、制约经济发展和影响社会稳定的公共事件频发，全球气候变暖、生物多样性丧失、水污染、土地退化、生态失衡等环境危机不断加剧，环境问题和环境保护逐渐为国际社会所关注。随着全世界对经济与生态协调发展共识的加深，2015年联合国可持续发展峰会审议通过的《改变我们的世

界——2030 年可持续发展议程》的重点之一就是加强生态文明建设，促进可持续发展。2019 年第六期《全球环境展望》报告了空气污染造成每年数百万人过早死亡、土地退化和荒漠化加剧、大多数区域水质显著恶化、生态系统完整性和各种功能衰退、塑料垃圾进入海洋深处等严峻的环境形势，驱使世界各地的政府部门、企业、NGO（非政府组织）以及个人为改善环境贡献力量。2021 年，第五届联合国环境大会通过了联合国环境规划署2022—2025 年中期战略以及 2022—2023 年工作计划和预算，该战略确定了利用数据和数字技术及创新努力应对气候变化、自然损失和污染的方针。面对日益严重的能源危机、创纪录的温室气体浓度和频发的极端天气事件，2022 年《联合国气候变化框架公约》（UNFCCC）第二十七次缔约方大会为应对全球气候变化、实现碳中和目标通过多项决议。在不断加剧的生态问题面前，全世界、全人类正积极参与并落实行动。习近平总书记强调，共谋全球生态文明建设，要深度参与全球治理，增强我国在全球环境治理体系中的话语权和影响力。为了应对全球气候变化，我国应加强生态领域的研究，积极引导国际秩序变革方向，形成世界环境保护和可持续发展的解决方案。

（二）审视国内——加强生态文明建设是促进高质量发展的题中之义

一段时期以来，我国"高耗能、高污染、高排放"的粗放式经济增长带来了严重的环境污染和生态破坏。原国家环保总局和国家统计局发布的《中国绿色国民经济核算研究报告 2004》显示，全国环境污染退化成本占当年 GDP 的 3.05%，环境污染治理成本占当年 GDP 的 6.8%，以破坏生态为代价的经济增长模式难以为继。党的十七大首次提出生态文明建设的理论；党的十八大强调"把生态文明建设放在突出地位，建设美丽中国"；党的十九大进一步确定"坚持人与自然和谐共生"的基本方略；2020 年 9 月，习近平总书记在第七十五届联合国大会一般性辩论上宣布，中国将力争在 2030 年前实现碳达峰，在 2060 年前实现碳中和。但是，我国生态治理的水平在全球仍相对落后。根据 2022 年《全球环境绩效指数（EPI）报告》，中国环境绩效指数为 28.40，在 180 个参与国家中排名第 160 位，较为靠后，相较于 2010 年，环境绩效指数下降了 42.04%，排名下降了 39 位。"十四五"规划再次把推动绿色发展提升到战略高度，提出要坚持绿水青山就是金山银山（"两山"）理念，坚持尊重自然、顺应自然、保护自然，坚持节约优先、保护优先、自然恢复为主，实施可持续发展战略，完善生态文明领域统筹协调机制，构建生态文明体系，推动经济社会发展全面绿色转型，建设美丽中国。习近平总书记在致 2022 年六五环境日国家主场活动的贺信中提到，全党全国要保持加强生态文明建设的战略定力，着力推动经济社会发展全面绿色转型，统筹污染治理、生态保护、应对气候变化，努力建设人与自然和谐共生的美丽中国，为共建清洁美丽世界作出更大贡献。党的二十大报告再次指出，要推进美丽中国建设，坚持山水林田湖草沙一体化保护和系统治理，统筹产业结构调整、污染治理、生态保护、应对气候变化，协同推进降碳、减污、扩绿、增长，推进生态优先、节约集约、绿色低碳发展。攻克生态难点问题是贯彻落实国家发展战略的需要，生态高质量发展本身就是高质量发展的重要组成部分。

（三）聚焦京津冀——生态相关难点问题是京津冀协同发展中亟待突破的瓶颈

"十四五"规划强调，以京津冀、长三角、粤港澳大湾区为重点，加快打造引领高质量发展的第一梯队。但是，京津冀地区的高质量发展受到生态环境问题的严重制约。《京津冀协同发展生态环境保护规划》指出，京津冀地区是全国水资源最短缺，大气污染、水污染最严重，资源环境与发展矛盾最为尖锐的地区。该规划明确了 2017 年区域生态环境质量恶化趋势得到有效遏制、2020 年主要污染物排放总量大幅削减的京津冀生态环境保护目标任务，目前区域生态环境质量已得到明显改善。2017 年，习近平总书记在河北省张家口市考察时指出，要加强生态环境建设，树立生态优先意识，建成首都水源涵养功能区和生态环境支撑区，探索一条经济欠发达地区生态兴市、生态强市的路子。根据 2022 年全国 169 个地级市中环境空气质量排名，倒数 20 名的城市中京津冀地区城市占了 4 个，集中在河北地区。2021 年《中国生态环境状况公报》显示，2021 年京津冀及周边地区城市大气污染的平均超标天数比例为 32.8%，远高于长三角地区（13.3%）和全国 339 个城市的平均值（12.5%）；水污染方面，京津冀地区所在的海河流域Ⅰ～Ⅲ类水质占比（68.4%）远低于黄河流域（81.9%）、珠江流域（92.3%）及长江流域（97.1%），京津冀生态治理仍有待进一步加强。《京津冀协同发展规划纲要》指出，生态环境保护是推动京津冀协同发展需率先取得突破的重点领域之一，强调环保和交通是生态协同发展的突破口。因此，探索京津冀生态难点问题的解决路径，实现生态协同治理，对助推京津冀协同发展具有重要的现实意义。

二、研究思路

生态环保是京津冀协同发展三个需率先突破的重点领域之一。京津冀协同发展 10 年来，生态协同方面取得了长足进展，在取得显著成绩的同时，我们应充分意识到"生态协同"永远是进行时，面向未来，京津冀生态协同发展的核心方向应聚焦于构建一个全面、高效、和谐，同时包含底层生态资源和顶层生态联动机制的生态协同体系，实现区域内的生态、社会和经济的高质量发展，并引领全国的生态文明建设。在这一宏观目标的指导下，推进区域碳汇市场建设、建立生态补偿常态化机制、畅通生态产品价值实现将是达成这一目标的三个关键战略组成部分，同时也是目前京津冀生态领域中亟待解决的难点问题。

区域碳汇市场建设、生态补偿常态化机制建设以及生态产品价值实现机制建设是京津冀生态领域突出的难点问题，关键原因有三：一是从京津冀协同发展的角度看，建立一个统一且有效的区域碳汇市场对于促进区域内碳排放的整体控制与资源优化配置至关重要。这一市场不仅能为京津冀区域的大气污染治理和碳减排目标实现提供支撑，还能够促进新技术和新业态的发展，如碳捕捉、利用和储存技术（CCUS），加速推动区域绿色低碳转型。二是在京津冀生态协同的框架下，常态化的生态补偿机制是调动各地积极性、缓解区域发展不平衡的有效工具。通过制度化的生态补偿，京津冀可以构建起一种新型的生态经济模式，确保生态保护的持续性和稳定性，实现生态福利与经济发展相辅相成，推动生态资源的合理利用和区域经济共同发展。三是生态产品价值实现是践行"两山"理念的核心实践，推动京津冀生态产品价值实现，能够从根本上改变生态保护的经济基础，将生态资源的非市场价值转化为市场价值。通过生态资源的保护和合理利用促进经济增长，使得生态保护成为推动京津冀经济社会发展的重要力量，而不是传统意义上的发展阻力，打造新的区域经济增长点。

本研究对区域碳汇市场建设、生态补偿常态化机制建设、生态产品价值实现机制建设作用于京津冀生态协同发展的机制路径进行了深度分析，并对京津冀在这些领域中的建设进展进行了梳理分析，以期识别推进三地生态协同发展的潜在联动机会，明确京津冀生态领域存在的难点问题，以及这些领域在未来建设过程中需要重点解决的关键环节，并提出对策建议。

三、理论基础

生态环境协同治理是实现京津冀协同发展的重要前提基础（包庆德、梁博，2018）。随着京津冀区域经济的发展和社会的进

6

步，其生态环境形势日益严峻，特别体现在以水质恶化为特征的水污染、以细颗粒物（PM2.5）为特征的大气污染以及以土地退化为特征的土壤污染（张贵、齐晓梦，2016；赵新峰、袁宗威，2019）。生态环境问题已然成为限制区域社会发展和区域经济可持续的主要瓶颈，正在倒逼京津冀生态协同一体化发展（王芳，2021；柳天恩，2015）。当前，京津冀生态治理在污染防治及大气质量提升方面已有所突破，但由于体制机制不完善、利益分割不合理、治理成本收益不对称等问题的存在（王宏斌，2015；刘广明，2017；王家庭、曹清峰，2014），其生态协同在目标定位、保障机制、运行方式等方面仍面临挑战（张彦波等，2015）。

（一）关于区域间生态补偿机制的研究

生态补偿是以保护生态环境、促进人与自然和谐发展为目的，在综合考虑服务价值、保护成本及区域发展机会成本的基础上，通过行政、法律、市场等手段调节生态保护利益相关者关系的一种制度安排（孙钰，2006；李文华、刘某承，2010）。其本质内涵是生态服务受益者以金钱、物质或其他非物质等方式，对生态服务提供者进行的付费行为，用以弥补提供者在生态保护方面支出的成本和遭受的损失（郭荣中、申海建，2017；汪劲，2014）。

区域生态补偿是区域生态协同的重要前提（杜哲等，2018），是生态产品价值实现的重要途径。区域生态补偿机制的建立有助于缩小区域生态差距、保障生态安全、实现生态公平、推进区域经济生态关系协调发展（刘广明，2017；佟丹丹，2017）。京津冀地区发展快、功能全，不仅是我国最具经济发展活力和潜力的核心区域之一（王芳，2021），也是我国环境形势严峻、矛盾尖锐的区域之一（王喆、周凌一，2015）。因此，如何基于京津冀实际情况建立效率高、效果好的生态补偿机制，是当前学者研究的重点。区域生态补偿机制的建立是从整个生态系统出发，对因生态贡献而丧失发展时机的地区进行经济上的补偿，但京津冀地区生态补偿标准低、期限短，补偿资金渠道少，补偿方式单一、不稳定，受偿主体获得感低等问题的存在（佟丹丹，2017；李惠茹、丁艳如，2017；刘广明、尤晓娜，2019），使得区域内利益不平衡问题仍然凸显。当前，学者对京津冀生态补偿的研究主要集中在补偿主体、补偿标准、补偿方式三个方面。

生态补偿主体包括"生态保护"主体和"生态受益"主体（王瑞娟等，2021）。就京津冀地区而言，西北山地丘陵地区自然资源丰富，是京津冀地区防风固沙、水源涵养的重要基地，是"生态输出"的"生态保护区"，应遵循"谁保护，谁受益"原则（张鹏等，2019），优先获得生态补偿；而中东部及东南部平原地区得益于西北地区的生态保护和自身工业的发展，在实现经济迅速增长的同时对生态进行了"消费"，是应该优先支付补偿的"生态受益区"（郭年冬等，2015）。

生态补偿标准的确定及生态补偿额度的测算是推进生态补偿落实、实现区际经济与生态保护协调发展的重要基础，更是区域生态补偿机制研究的重、难点（张鹏等，2019；杜贺秋等，

2022)。生态补偿标准的确定要遵循生态绩效原则，兼顾区域公平与效率、区域协商意愿及财政能力（王瑞娟等，2021）。学者对京津冀区域生态补偿的研究多从财政行为、整体性治理、共建共治共享等视角出发（王瑞娟等，2021；段铸等，2017；韩兆柱、任亮，2020），利用机会成本法、条件价值法、生态服务价值法及影子工程法、数据包络分析法等对生态补偿标准及生态补偿额进行分析和测度（张鹏等，2019；杜贺秋等，2022；段铸等，2017；魏巍贤、王月红，2019；彭文英等，2020），为提高区域生态补偿核算科学性提供了理论基础。

生态补偿实质上是对生态保护责权的重新配置（宋煜萍，2014）以及对生态产品非合理配置的再次矫正（刘广明，2017）。政府补偿是我国目前生态补偿的主要模式（张贵、齐晓梦，2016），政府在生态协同治理中能够通过财政转移支付、政策扶持、环境税征收、生态基金等多种方式（张贵、齐晓梦，2016；麻智辉、李小玉，2012），实现对"三地四方"的统筹兼顾（刘广明、尤晓娜，2019），从而建立较为公平公正的生态补偿机制。但随着京津冀协同发展的进一步深化，生态补偿涉及的利益关系和实际问题已经不是政府单一补偿模式能够协调的，政府主导、市场推进、社会参与是当前学术界研究较多且较为认可的模式之一（刘广明，2017；刘广明、尤晓娜，2019）。首先，生态环境的公共品性质决定了政府在生态补偿体系中的主导地位，较之其他主体而言，政府在组织形式、管理方式、筹资模式等方面更具优势，能更好地"集中力量办大事"（宋煜萍，2014）；其次，建立排污权、水权、碳汇交易机制（麻智辉、李小玉，2012），有效改善生态创新平台和环境，实现区域生态治理协同度的提升（李虹、张希源，2016）；最后，与政府补偿相比，社会公众能够在资金筹措、社会监督（刘广明、尤晓娜，2019）及普及宣传（麻智辉、李小玉，2012）等方面扩大区域生态补偿的广泛性和民主性，有效补充政府在补偿过程中存在的不足，进而有助于生态补偿机制规范运行，为提升京津冀区域生态补偿体系建设提供社会基础。

（二）关于生态产品价值实现的研究

生态产品价值实现是以"两山论"为基础来处理生态环境保护与经济发展和民生福祉关系的重要途径（罗琼，2021），是"两山"理念在生态环境资源价值产生和增值过程中的客观体现（宋蕾，2022）。生态产品价值实现的本质是将生态产品的生态价值、经济价值及社会文化价值以多样化的方式进行显现，生态产品价值实现的过程就是把"绿水青山"转化为"金山银山"的过程。

由于生态产品价值本质上是一种外部经济，是自然界向人类生态系统输出的正向的、外部的经济（李强，2022），这就使得建立包含生态产品价值核算、产权界定及价值转化实现方式的生态产品价值实现机制十分必要（王夏晖等，2020）。而生态产品价值转化市场机制与价值核算体系不完善、政策制度和产权制度不健全以及补偿机制存在漏洞（王夏晖等，2020；沈辉、李宁，

2021；王茹，2020），使得当前体系难以满足人民对生态产品高品质、多层次的需求。同时，资金和人才缺乏、主体动力不足、供需不平衡等问题也制约了生态价值的公平和充分实现（罗琼，2021；沈辉、李宁，2021；洪传春等，2017）。就京津冀地区而言，增加生态产品供给、创新价值核算体系、强化绿色政绩考核是探索生态产品价值转化机制（陆小成，2022），践行"绿水青山就是金山银山"的有效方式和研究重点。

在生态产品供给上，生态产品的公共属性使得各级政府在生态产品供给中承担第一责任（林黎，2016；华章琳，2016），企业与相关社会组织通常会因产权界定不明晰（唐潜宁，2019）、回报机制不完善而缺乏供给内生动力（洪传春等，2017；金铂皓等，2021），从而拒绝生态产品供给。但以政府为主体的单中心的供给模式不仅会弱化市场主体和公民个体对消费生态产品的责任与义务，还会面临因"政府失灵"而导致的"服务不到位"或"服务异化"（华章琳，2016）。因此，只有健全生态保护制度、搭建市场交易平台、构建多元化主体、完善多中心监管，才能有效提升京津冀生态产品供给能力，促进生态产品价值实现（林黎，2016；彭文英，尉迟晓娟，2021）。

"绿水青山就是金山银山"这一重要论断强调了自然环境的重要性，其深刻含义不仅在于培养环境意识，促进自然资源保护和增强生态产品供给，更重要的是通过"绿水青山"向"金山银山"的转化，即通过生态产品价值实现来推动可持续发展。在生态产品价值实现路径上，生态产品的类型不同，决定了其价值实现路径的不同。以有机农产品、中草药等为代表的生态物质类产品（王夏晖等，2020；刘伯恩，2020），在价值实现中要改善传统生产模式、加强质量安全监管、提高公众价值认识（康传志等，2022；董战峰等，2020）；以生态旅游和自然景观为代表的文化服务类生态产品（王夏晖等，2020），在价值实现的过程中要注重政府引导、合理规划、科学监管、统筹发展、宣传教育（杨明月，2022）；而具有纯公共产品特性的生态调节类产品（包括水源涵养、水土保持、防风固沙、气候调节等）通常需要通过生态补偿等政府购买、以空间规划和用途管制促确权、绿色金融等市场化为主的方式来实现其价值（王夏晖等，2020）。

（三）关于"双碳"目标下碳汇市场及碳汇交易的研究

碳汇（Carbon Sink）的概念起源于 1992 年 5 月 9 日通过的《联合国气候变化框架公约》，该公约将碳汇定义为：清除大气中产生的温室气体、气溶胶或温室气的过程、活动或机制（韩君，2023）。增加碳汇主要是通过生物措施来提高生态系统对温室气体的吸收与固定能力，是实现碳达峰、碳中和的主要手段之一。根据生态系统类别，可以将碳汇分为绿色碳汇与蓝色碳汇。其中，绿色碳汇是指陆地生态系统碳汇，如通过森林、草原、湿地、农田、荒漠等生态系统实现的碳固定；蓝色碳汇是指海洋生态系统碳汇，包括水域、河口以及海洋等生态系统的固碳功能。目前被纳入国家核证自愿减排量（CCER）认证范围的碳汇包括森林碳汇、耕地碳汇、草原碳汇、湿地碳汇、岩溶碳汇和海洋碳汇6种（范振林等，2021）。碳汇能够在不破坏原有生态的前提下，实现生态产品价值转换，具有明显的成本优势（令狐大智等，2022）。

碳汇交易是指在缔约国相关法规框架内，发达国家或地区通过碳汇交易平台，出资向发展中国家或欠发达地区购买碳汇指标的行为，是通过市场机制实现生态价值补偿的一种有效途径（尕丹才让、李忠民，2012）。碳汇交易作为一种重要的市场化减排工具，不仅对于提升区域生态产品价值、完善生态补偿机制具有重要作用，也是增强我国全球气候治理话语权的创新举措之一（牛玲，2020）。《京都议定书》的签署和生效为欧盟建立世界上最早的碳排放交易体系奠定了基础，我国碳排放交易市场和碳汇交易问题的研究和实践工作也从1992年逐渐开始（韩君，2023）。但目前我国碳汇交易市场发展仍在初期阶段，区域碳汇资源利用不足、碳汇计量和监测方法标准不统一、系统性实测数据难以获得等问题凸显，急需采取全面、长期的措施来平衡碳汇保护和利用之间的关系（张樨樨等，2020）。

目前，学者关于碳汇市场交易的研究大多集中在森林碳汇、草原碳汇和海洋碳汇。在森林碳汇研究中，除了木材砍伐率和森林面积等主观因素外，城镇化率、新能源消费比重以及非政府组织的活跃度等因素也会对区域森林碳汇市场的建立产生影响（杜之利等，2021）。有关草原碳汇的研究发现，内蒙古等地区虽然碳排放量较高，发展碳汇市场基础良好，但产业结构偏重，能耗强度偏高，使其在碳排放权交易中处于需求劣势，加之碳排放交易政策法规不健全现象严重，也进一步弱化了其在碳排放权交易中的市场地位（王艳林等，2018）。在海洋碳汇方面，我国的海洋渔业碳汇能力目前仍处于以规模增长为主的粗放式增长阶段。特别是进入"十三五"时期后，规模效应的驱动作用明显减弱，因此，必须采取措施来增强海洋生态系统的碳汇能力（杨林等，2022）。

（四）文献评述

综上所述，当前针对区域生态协同发展的研究已相当全面，其研究成果不仅具有很强的学术价值，也为本研究提供了重要参考。但现有研究仍存在一定的局限性：首先，针对区域间生态补偿机制的研究，多数学者从补偿主体、补偿标准、补偿方式等角度展开，深入研究了区域生态补偿机制建立的基础条件与实际困境，但对有关生态补偿常态化机制的研究较少，特别是如何发挥生态补偿作用，促进区域生态协同的研究更是少见；其次，有关生态产品价值实现的研究多聚焦于生态价值实现机制的建立、生态产品价值实现路径及当前生态价值转换存在的现实困境，很少有学者对区域性生态产品价值实现的发展现状进行深入剖析，并未针对京津冀地区生态产品价值实现提出具体对策；最后，学者针对碳汇认证、碳汇交易的研究较多，对碳汇交易市场的研究多集中于碳汇交易需求与区域碳汇能力提升，很少有学者从区域碳排放交易与区域碳汇市场建立之间的关系入手，缺乏对区域碳汇资源与生态协同发展关系的研究。

　　由此可见，虽然已有不少学者对生态补偿及生态产品价值实现等问题进行了大量研究，但京津冀生态协同治理的研究仍存在空白。为此，本研究将结合京津冀发展现状，从目标定位、手段机制及协同动力等方面入手，聚焦区域生态补偿、生态产品价值实现以及碳汇市场建立，对京津冀生态协同问题进行有针对性的研究，以期为加速京津冀生态协同治理提供有效的对策建议。

第二章　理论分析

面向未来，京津冀生态协同发展的核心方向应聚焦于构建一个全面、高效、和谐，同时包含底层生态资源和顶层生态联动机制的生态协同体系，实现区域内的生态、社会和经济的高质量发展，并引领全国的生态文明建设。碳汇市场建设、生态补偿机制建设以及建立健全生态产品价值实现机制能够通过不同的影响机制促进区域内资源共享、生态保护、生态产业集聚与发展，进而推动京津冀生态协同纵深发展，实现区域内生态价值最大化，支撑京津冀实现可持续发展和生态友好发展。

一、相关难点在京津冀生态协同中的功能分析

（一）碳汇市场建设在京津冀生态协同中的功能分析

1. 通过三地间碳汇交易加深生态协同联系程度

碳汇市场的建立可以为京津冀三地提供碳排放配额的交易机制，这一机制将有助于树立京津冀生态协同的自觉意识，利用经济激励激发三地生态协同积极性。从实践中看，京津冀三地在经

济和社会发展上存在着不同的特点，因此在碳减排和碳汇项目方面的需求和资源分配也各异。通过碳汇市场的建立，三地之间可以进行碳排放配额的转让和交易，使得彼此间的碳排放量能够得到更加精准的补偿和调配，从而更好地实现生态资源的协同利用和资源的合理配置。比如，北京市的碳排放量较大，可以通过购买河北省或天津市等地未使用的碳排放配额，来控制和减少碳排放量，从而更好地实现全国的碳减排目标，同时为河北省和天津市等地的碳减排和碳汇项目提供资金支持，实现跨区域碳市场交易，在碳减排方面进一步加强合作。

2. 通过促进三地绿色技术交流挖掘生态协同发展潜力

在京津冀地区，三地之间碳排放水平和碳汇资源分布存在着不同的情况，跨区域合作是很有必要的，以协同应对气候变化和环境污染。在这种情况下，碳汇市场可以为跨区域碳汇项目的合作和推进提供一个有力的平台。碳汇市场的建立也可以促进京津冀三地在碳减排和碳汇项目方面的技术创新和交流。在碳汇市场的框架下，京津冀三地的企业和机构可共同研发、推广和应用碳减排技术，通过在碳汇项目中的实践应用，积累更多的技术和经验，在促进碳减排和碳汇项目的可持续发展的同时，加深三地在绿色创新和绿色技术方面的交流，逐步打造具有协同意识的绿色技术迭代路线。

3. 通过鼓励跨区域碳汇项目的合作推动生态协同纵深发展

京津冀三地之间的碳排放和碳汇项目有着不同的特征和差异，但又存在密切的合作关系和互补性。环渤海地区已经成为我国能源经济发展的一大战略区域，其碳汇和碳排放项目具有较大发展潜力，而这些项目的合作恰恰能够发挥各地区碳汇和碳排放项目之间的协同效益，使生态资源得到最优的配置和利用。这主要体现在京津冀三地有着不同的土地利用方式和污染物增减的特点，地形、气候、土壤等环境条件也有所不同，使得三地在碳汇、环保等方面存在一定的差异。而通过推行跨区域碳汇项目合作，可以整合各区域碳汇和碳排放资源，发挥各自的优势和潜力，在实现生态资源共享和优化利用的同时，促进三地在生态建设、环保和可持续发展方面的深度合作和交流，达到协同效益的最大化。

4. 通过优化生态资源布局实现区域内生态价值最大化

在京津冀三地协同发展的背景下，优化生态资源布局显得尤为关键。通过合理地调整生态资源空间分布、凸显其功能性价值、加强区域间的资源交互性整合以及探索其潜在的经济价值，不仅可以为京津冀带来生态环境的持续改善和生物多样性的恢复，同时还能确保在追求经济增长的同时，坚守生态底线，达到经济与生态的双重发展，从而释放出最大的生态协同效益。碳汇市场的建设能够为三地提供一个公正、透明和有效的交易平台，使得生态资源在区域间实现流动和得到重新配置。通过市场机制，能够确保生态资源在最需要的地方得到最大化的利用，从而释放出其真正的经济和生态价值。碳汇市场建设也有助于加强京津冀三地在生态资源管理、保护和利用方面的协同。通过建立统一的市场规则、交易制度和技术标准，可以促使三地在碳汇领域形成统一的策略和行动路径，从而实现生态资源的共享、共治和共赢，实现区域内生态价值最大化。

（二）生态补偿常态化机制建设在京津冀生态协同中的功能分析

1. 生态补偿机制的引入在经济发展中起到了关键作用，促进生态环境保护的同时又促进资源的可持续利用

一方面，生态补偿机制通过为生态系统提供经济激励，鼓励各方保护生态环境和生物多样性。随着经济的发展和资源的开发，生态环境面临压力和破坏。生态补偿机制通过将生态价值纳入国民经济核算体系，确立生态环境保护的经济性和社会性意义，激励各方采取积极的生态保护行动。通过支付生态补偿费用，可以抑制破坏生态环境的行为，提高生态环境保护意识。

另一方面，生态补偿机制可以促进资源的合理配置和利用。在传统的经济模式中，资源的开采和利用主要以经济效益为导向，忽视了对生态环境的影响。生态补偿机制通过引入经济补偿手段，将生态价值纳入资源评估体系，使资源开发者和利用者在考虑经济效益的同时，必须充分考虑资源的可持续性和生态环境的承载能力。通过支付生态补偿费用，可以在经济发展和环境保护之间建立平衡，激励资源的可持续利用。

2. 生态补偿机制在跨区合作中可起到关键作用，推进生态系统功能修复的同时又能促进区域间协同发展

生态补偿机制可以为受损的生态系统提供经济支持，促进其功能恢复和修复。随着人类活动的加剧，许多生态系统遭到破坏

和出现退化，生态功能受损严重。通过生态补偿机制支付的生态补偿费用，可以用于生态系统的恢复、植被重建、水土保持措施等，促进生态系统的修复和功能恢复。这些措施可以改善土壤质量、增加植被覆盖、修复水体生态等，从而提高生态系统的稳定性，提升生态功能和生物多样性。通过生态补偿机制的实施，受损生态系统的修复可以得到更好的资金保障和技术支持，进一步提高生态系统的可持续发展能力。生态补偿机制还可以促进区域间的合作与协调，推动区域内各方共同参与生态保护。生态系统本身并不受行政辖区的限制，跨行政区域的生态系统相互依存，相互影响，因此生态补偿机制需要跨越行政辖区的合作与协调。通过建立区域间的生态补偿机制，可以促进资源的共享和合作，实现区域生态系统的协同发展。各方可以共同制定生态补偿政策、共享生态补偿资源，推动跨区域的生态环境保护和恢复。

3. 生态补偿机制有利于可持续发展理念的落实，可以促进生态系统和经济系统的协调可持续发展

通过将生态价值纳入经济评估体系，生态补偿机制可以引导企业和社会各界更加关注环境保护和生态文明建设。企业在生产经营中需要承担生态补偿的责任和义务，这将鼓励其采用环境友好型的生产方式，推动绿色技术的创新和应用。生态补偿机制通过经济手段激励企业和个人在经济活动中更加关注生态环境的保护，当企业或个人的经济活动对生态环境造成损害时，需要承担相应的经济责任。这就使得经济主体在决策时更加注重生态环境的保护，避免过度开采和污染等行为，促进生态环境和经济的协

调发展。同时，生态补偿机制可以激励企业投资于生态保护和恢复项目，同时提供可持续的经济支持和利益驱动，使生态保护与经济增长相互促进，实现生态系统和经济系统的良性循环发展。

4. 生态补偿制度可以解决环境的外部性问题及生态资本性问题

生态补偿制度通过内部化环境外部性，解决了市场经济中常见的环境问题。环境的外部性通常表现为污染、资源过度开发和生态破坏等，而这些问题往往由经济活动的参与者造成，但其成本由社会共担或者未得到内部化。生态补偿制度通过要求污染者或资源开发者对其负面影响进行补偿，使其承担环境成本。这为企业提供了经济激励，促使其采取环境友好的行为。企业将意识到环境保护和资源节约对其长期经营的重要性，并主动采取减排、节能和资源回收等措施。通过生态补偿机制，企业也可以获得经济回报，从而激励其积极参与环境保护，减少环境外部性。生态补偿可以用于修复受损的生态系统，纠正由经济活动引起的环境破坏，即通过资金补偿或资源补给，重建湿地、植树造林、修复水体等。同时，生态补偿制度解决了生态资本被低估和过度消耗的问题，从而保护和维护生态系统的健康和可持续性。生态资本是指自然生态系统所提供的各种生态服务和资源，包括水源、土壤肥力、气候调节、生物多样性等。然而，传统经济活动往往忽视这些生态资本的价值，导致生态系统的退化和资源的耗竭。生态补偿制度可以促进生态补偿市场的形成，从而提高生态资本的价值和保护效果。而生态补偿市场是一个基于生态服务和生态资本交易的市场，通过买卖生态补偿权益，实现资源的合理配置和生态系统的保护。通过建立市场机制，资源开发者和生态服务提供者可以进行交易，使生态服务的价值得到体现，这便会激励更多的参与者投入生态保护工作中，并提供相应经济支持，进一步推动生态系统的健康、持续发展。

(三) 生态产品价值实现在京津冀生态协同中的功能分析

1. 建立健全生态产品价值实现机制是践行"两山"理论的关键所在

"绿水青山就是金山银山"是习近平总书记针对生态文明建设提出的重要论断，已然成为习近平生态文明思想的重要组成部分。"两山"理论这一科学论断，深刻地阐述了环境保护与经济发展之间的内在统一关系。一方面，经济发展不应以破坏环境为代价，而应与环境保护相协调，只有保护好自然环境，才能够持续地促进地区经济的健康发展；另一方面，只有不断改善生态环境质量，尊重自然、顺应自然、保护自然，才能提升地区生产力，推动地区经济社会朝着可持续的方向发展。近年来，党和国家高度重视生态产品价值实现，党的十八大提出"增强生态产品生产能力"；党的十九大进一步提出"要提供更多优质生态产品以满足人民日益增长的优美生态环境需要"；2021年4月，中共中央办公厅、国务院办公厅印发了《关于建立健全生态产品价值实现机制的意见》，该文件对生态产品价值实现的战略方向进行了明确；党的二十大再次强调要"建立生态产品价值实现机制，完善生态保护补偿制度"。近年来，生态产品价值实现已逐渐成为探索生态环境保护与经济发展协同共进的重要举措，对于保护生态环境、维护生态平衡、推进生态文明建设、促进可持续发展具有重要意义。

2. 建立健全生态产品价值实现机制是实现京津冀生态协同发展的重要途径

生态协同是京津冀协同发展战略实施过程中的重要内容。近年来，随着京津冀协同发展向纵深推进，三地环境质量得到明显改善，生态质量与生态功能不断提升。然而，为进一步推动京津冀地区生态协同发展，三地应注意充分发挥生态产品本身蕴含的经济社会价值，着力打通"绿水青山"向"金山银山"转化的通道。具体来看，京津冀地区各类生态资源丰富，生态产品的内在价值开发潜力大。在森林资源方面，京津冀地区森林面积达580多万公顷，森林储蓄量达16 600多万立方米，林业用地面积达900多万公顷，其中主要树种有油松、华北落叶松、山杨、白桦、柞栎等；在水资源方面，京津冀地区水资源总量达180多亿立方米，其中地表水资源量达70多亿立方米；在土地资源方面，京津冀地区湿地面积达17万多公顷，草地面积达190多万公顷，耕地面积达640多万公顷，园地面积达110多万公顷；在生物资源方面，京津冀地区植被类型丰富、降水量分布多样、生物资源丰富。此外，京津冀地区拥有18个国家级自然保护区，自然保护区面积达30多万公顷。这为京津冀地区提供了丰富的生态产品，如何将这些生态产品蕴含的经济价值转化为经济效益，成为京津冀地区生态协同发展的新机遇。

3. 建立健全生态产品价值实现机制是促进京津冀生态高质量发展的必然选择

建立健全生态产品价值实现机制有助于推动京津冀地区生态产品与劳动、资本等要素的有机结合，促进生态产品与互联网、大数据、融媒体等现代信息技术的融合发展，进而形成更加多元的生态产品供给模式以及更加完善的价值增值机制，更好地满足京津冀地区居民的优美生态环境需要。建立健全生态产品价值实现机制是在生态环境保护的前提下充分利用京津冀地区资源禀赋，发展生态经济，实现生态高质量发展的必然选择。具体来看：

一是建立健全生态产品价值实现机制有助于京津冀地区充分发挥生态系统优势转化功能。京津冀地区依托良好的自然资源、气候条件、地形地貌等天然优势，因地制宜地推动传统生态农业发展，有助于提高生态产品价值。

二是建立健全生态产品价值实现机制有助于京津冀地区充分发挥生态系统产业支撑功能。京津冀地区依托其自然本底条件，积极培育在生产与经营过程中对环境敏感的产业，如数字产业、生物医药、新能源等，可推动京津冀生态优势转化为产业优势。

三是建立健全生态产品价值实现机制有助于京津冀地区充分发挥生态系统文化服务功能。京津冀地区可依托自然风光、文物古迹等资源，引进专业的设计与运营团队，将旅游和康养相结合，打造生态旅游开发模式。同时，生态产品价值实现机制的逐步完善对加快京津冀地区生态产品市场经营主体培育具有重要作用。对森林公园、废弃矿山、工业遗址以及古村落等存量资源的挖掘和开发，能够有效实现资源整合，在推进生态环境整治的同时提升京津冀文化旅游项目开发潜力。

二、相关难点影响京津冀生态协同的机制分析

（一）碳汇市场建设影响京津冀生态协同的机制分析

1. 通过三地间碳汇交易加深生态协同联系程度

碳汇市场的建立可以为京津冀三地提供碳排放配额的交易机制，这一机制将有助于京津冀树立生态协同的自觉意识，利用经济激励激发三地生态协同积极性。从实践中看，京津冀三地在经济和社会发展上存在着不同的特点，因此在碳减排和碳汇项目方面的需求和资源分配也各异。通过碳汇市场的建立，三地之间可以进行碳排放配额的转让和交易，使得彼此间的碳排放量能够得到更加精准的补偿和调配，从而更好地实现生态资源的协同利用和资源的合理配置。比如，北京市的碳排放量较大，可以通过购买河北省或天津市等地未使用的碳排放配额，来控制和减少碳排放量，从而更好地实现全国的碳减排目标，同时为河北省和天津市等地的碳减排和碳汇项目提供资金支持，实现跨区域碳市场交易，在碳减排方面进一步增强合作。

2. 通过促进三地绿色技术交流挖掘生态协同发展潜力

在京津冀地区，三地之间碳排放水平和碳汇资源分布存在着不同的情况，跨区域合作是很有必要的，以协同应对气候变化和环境污染。在这种情况下，碳汇市场可以为跨区域碳汇项目的合作和推进提供一个有力的平台。碳汇市场的建立也可以促进京津冀三地在碳减排和碳汇项目方面的技术创新和交流。在碳汇市场的框架下，京津冀三地的企业和机构可共同研发、推广和应用碳减排技术，通过在碳汇项目中的实践应用，积累更多的技术和经验，在促进碳减排和碳汇项目的可持续发展的同时，加深三地在绿色创新和绿色技术方面的交流，逐步打造具有协同意识的绿色技术迭代路线。

3. 通过鼓励跨区域碳汇项目的合作推动生态协同向纵深发展

京津冀三地之间的碳排放和碳汇项目有着不同的特征和差异，但又存在密切的合作关系和互补性。环渤海地区已经成为我国能源经济发展的一大战略区域，其碳汇和碳排放项目具有较大发展潜力，而这些项目的合作恰恰能够发挥各地区碳汇和碳排放项目之间的协同效益，使生态资源得到最优的配置和利用。

这主要体现在京津冀三地有着不同的土地利用方式和不同类型污染物的特点，地形、气候、土壤等环境条件也有所不同，使得三地在碳汇、环保等方面存在一定的差异。而通过推行跨区域碳汇项目合作，可以整合各区域碳汇和碳排放资源，发挥各自的优势和潜力，在实现生态资源共享和优化利用的同时，促进三地在生态建设、环保和可持续发展方面的深度合作和交流，达到协同效益的最大化。

4. 通过优化生态资源布局实现区域内生态价值最大化

在京津冀三地协同发展的背景下，优化生态资源布局显得尤为关键。通过合理地调整生态资源空间分布、凸显其功能性价值、加强区域间的资源交互性整合以及探索其潜在的经济价值，不仅可以为京津冀带来生态环境的持续改善和生物多样性的恢复，同时还能确保在追求经济增长的同时，坚守生态底线，达到经济与生态的双重发展，从而释放出最大的生态协同效益。碳汇市场的建设能够为三地提供一个公正、透明和有效的交易平台，使得生态资源在区域间实现流动和得到重新配置。通过市场机制，能够确保生态资源在最需要的地方得到最大化的利用，从而释放出其真正的经济和生态价值。碳汇市场建设也有助于加强京津冀三地在生态资源管理、保护和利用方面的协同。通过建立统一的市场规则、交易制度和技术标准，可以促使三地在碳汇领域形成统一的策略和行动路径，从而实现生态资源的共享、共治和共赢，实现区域内生态价值最大化。

（二）生态补偿常态化机制建设影响京津冀生态协同的机理分析

1. 生态补偿能够促进碳减排和碳汇增值

通过生态补偿，能够激励企业和机构采取各种措施减少碳排放，如优化生产工艺、改善能源利用效率、推广清洁能源等。通过减少碳排放，企业和机构可以获得相应的生态补偿收益，从而增加参与碳减排的积极性。同时，生态补偿机制还可以鼓励土地所有者和农民参与碳汇项目，如森林保护与恢复、湿地保护与修复等，以增加碳汇量。通过生态补偿机制的引导和激励，京津冀地区的碳减排和碳汇增值将得到有效推动，最终实现低碳发展和生态协同。

一方面，生态补偿机制为企业提供了明确的经济激励，鼓励其采取措施减少碳排放。企业可以通过优化生产工艺、改善能源利用效率、推广清洁能源等方式来降低碳排放水平。通过向这些企业提供经济奖励，如通过减免税收、提供碳排放权、发放碳补偿资金等方式，可激励企业采取更加环保和低碳的生产方式，使得企业在经济效益和环境效益之间形成良性循环，推动企业加大碳减排力度。

另一方面，生态补偿机制为农民提供经济奖励，包括直接的经济补偿、提供种植技术指导、提供农业生产资金等方式，以鼓励他们参与农田生态修复活动，并增加农田的碳固定能力。鼓励农民和土地所有者参与农田生态修复活动，提高土地的碳固定能力，如通过种植多年生经济作物、改良农田排水条件、保护耕地水源涵养区等措施，可以增加农田的碳汇量。此外，生态工程建设也是京津冀地区生态补偿的重点领域之一，生态补偿机制为其提供了资金支持和政策扶持，鼓励各级政府、企事业单位和社会组织积极参与生态工程建设。诸如森林保护与恢复、湿地保护与修复等生态工程项目能够显著增加碳汇量，对于碳减排和生态保护具有重要意义。

2. 生态补偿可以激励企业参与碳交易和碳金融

碳交易是指通过碳市场进行碳排放权交易的过程，企业可以通过减少碳排放获取碳排放权，或者购买碳排放权来弥补自身的排放超标。

一方面，通过生态补偿机制可以为企业提供生态补偿收益，使其在碳交易市场中更有竞争力；企业通过减少碳排放和增加碳汇量，可以获得额外的碳排放权，从而增加碳交易的收益。

另一方面，通过生态补偿机制还可以鼓励企业参与碳金融活动，如碳资产管理、碳基金投资等。碳金融是指通过金融工具和机制，推动碳减排和碳汇增长的金融活动，生态补偿机制通过为企业提供经济奖励和政策支持，鼓励其参与碳金融市场；同时，企业可以通过投资碳资产、参与碳交易和碳基金，获得碳金融收益，并通过金融手段提高碳减排和碳汇增长的效果。也就是说，生态补偿机制的推动作用促进了碳金融市场的发展，为京津冀地区的企业提供了更多的碳金融投资机会。此外，生态补偿机制在推动碳交易和碳金融发展的同时，还提供了相应的政策扶持（包括为企业提供财政补贴、税收减免、优惠贷款等，降低企业参与碳交易和碳金融的成本和风险）和市场规范（包括设立合理的碳市场准入机制、完善的交易规则和信息披露制度，保证交易的公平、透明和有效性）。在生态补偿机制方面，政府应制定相关政策和法规，明确参与碳交易和碳金融的条件和要求，加强市场监管和执法力度，维护市场的秩序和公平竞争。政府通过制定税收优惠政策、设立碳排放权配额和交易机制、建立碳金融市场监管体系等措施，可推动碳交易和碳金融的发展。以上相关政策扶持和市场规范为碳交易和碳金融提供了良好的环境和制度保障。

3. 生态补偿能够推动碳市场的规范发展

建立健全生态补偿机制，可以规范碳市场的交易行为和参与主体的行为，防止不正当的碳排放权交易和资金流动。生态补偿机制可以明确参与碳交易和碳金融的条件和要求，加强监管和执法力度，维护市场秩序和公平竞争。同时，生态补偿机制还可以促进碳市场的发展和壮大。通过向生态环境提供者提供生态补偿，可以吸引更多的参与主体加入碳市场以及为碳市场提供稳定的碳汇来源，增加碳交易的交易量、频率和供给，推动碳市场的健康发展。生态补偿主要从以下几个方面推动碳市场的规范发展：

（1）建立市场准入机制。市场准入机制即对参与碳市场的主体进行筛选和审核，确保市场参与者具备一定的资质和能力，以保证市场的健康运行。准入机制可以设立参与门槛，要求市场参与者提供相关信息和资质证明，并进行监管和评估，进而规范市场的参与主体，提高市场的专业化和可信度。

（2）完善交易规则和制度，确保交易的公平、透明和有效性。交易规则和制度包括交易合同的签订和执行、交易的价格和计量方法、信息披露和交易数据的公开等。以上规则和制度的建立可以确保交易的合法性和规范性，减少不当行为和市场操纵的风险，增强市场的稳定性和可持续发展。

（3）强化市场监管和执法。市场监管部门可以对市场参与者的行为进行监测和评估，及时发现和处理违规行为，维护市场的公平竞争和秩序。同时，执法机构可以对违规行为进行惩处，提高市场主体的守法意识，有效防范市场风险并增强市场的稳定性和可信度。

（4）提供信息和知识支持。通过提供准确的市场信息、行业数据和政策指导，帮助市场参与者了解碳市场的动态和趋势，提供决策参考和风险管理。同时，通过生态补偿机制，还可以开展培训和宣传活动，提高市场参与者的专业水平和认知水平，促进市场参与者的能力提升，推动碳市场的规范和发展。

（5）创新金融工具和产品。金融工具和产品如碳排放权证券化、碳期货、碳衍生品等，可以为市场参与者提供更多的投资选择和风险管理工具，丰富市场的产品和服务；创新工具和产品的引入可以增加市场的活跃度和流动性，提高市场的效率和吸引力，推动碳市场的规范和发展。

（三）生态产品价值实现影响京津冀生态协同的机制分析

1. 根据表现形态和功能属性，生态产品可以分为生态物质产品、生态调节服务以及生态文化服务

具体而言：

（1）生态物质产品是指自然生态系统本身所提供的生态产品以及人工参与生产的物质产品。其中，自然生态物质产品包括空气资源、森林资源、矿产资源、水资源、土壤资源以及草原资源等。包含人类劳动投入的生态物质产品包括绿色农产品、生态工

业产品、生态旅游产品以及林下经济产品等；该类产品通过清洁生产、综合利用、节能减排等方式，减少了对能源、矿物以及水资源等生态资源的消耗，在保护生态环境的基础上，还具有较高的经济价值。

（2）生态调节服务是指由生态系统提供并能够有效改善人类生存与生活的服务，具有很强的生态效益，具体而言包括能够对水流、水循环实现调控的水源涵养，能够保持水土、防止沙尘暴的防风固沙，维护物种持续生存及物种丰度的物种保护等。

（3）生态文化服务是指由生态系统提供的，人类通过精神感受、休闲娱乐、知识获取以及美学体验等获得身心发展的服务，包括生态旅游、生态康养、生态教育等，该类服务旨在满足人们精神层面的文化需求。

2. 生态产品根据其消费属性和公益性程度，可以分为经营性生态产品、公共性生态产品以及准公共性生态产品

具体包括：

（1）经营性生态产品是指可以被开发和利用，同时又具有生态价值的自然资源，是具有排他性和竞争性的生态产品。该类生态产品能够通过明确产权来进行市场交易，如生态农产品、林下经济产品以及旅游产品等。

（2）公共性生态产品是指具有非排他性和非竞争性的生态产品。该类产品的产权难以明晰，且生产、消费与受益关系不容易明确，如清新的空气、无污染的土壤、宜人的气候等。

（3）准公共性生态产品是具有有限竞争性及排他性，介于经

营性生态产品与公共性生态产品之间的一种生态产品。具体而言，准公共性生态产品分为两类：一类是具备典型公共资源属性的生态产品，如水权、排污权、碳排放权等具有非排他性和竞争性的资源产权；另一类则是指所有权明确，但使用权、收益权以及处分权等其他用益物权需进一步明确的生态产品，如集体林权、土地承包经营权等。

3. 发挥生态产品价值实现机制作用的关键在于全面把握生态产品属性

生态产品的基本属性主要包括以下几个方面：

（1）生态产品具有整体性。生态产品的提供往往是针对某一时期某地区内的全部居民，无法在时间和个体上进行分割，因此通常会以一个整体的形式提供给需求方。

（2）生态产品具有公共性。具体来看，在产品表现形式上，既存在清新空气、干净水源、无污染土壤等具有明显公共物品属性的生态产品，又存在水权、碳排放权等具有典型公共资源属性的生态产品；在其价值构成上，绝大多数的生态产品通过改善生产生活环境、促进居民身心健康等方式产生公益性价值。

（3）生态产品具有外部性。生态产品的公共性决定了其在气候、环境等方面产生的外部效应，其价值也由此存在被低估的现象。

（4）生态产品具有时空可变性。生态产品在时间和空间的分布上存在差异：一是生态产品发挥作用的区域有限，二是生态系统需要经过一定的时间积累才能产出各类生态产品。

4. 畅通生态产品价值实现路径能够避免京津冀生态价值被低估

在很长一段时间里，人们认为生态资源是可以无限获得和随意利用的，这种片面性的理解使得人们认为生态资源并不具有价值。但随着人类社会的发展和科技的进步，越发认识到生态资源与生态环境对人类可持续发展的重要性，其价值也逐步被人们发现。一般而言，生态环境价值包括三个方面：一是修复和再生产生态环境所必要的劳动力及劳动成本；二是修复和再生产生态环境所需消耗的劳动时间；三是提升生态环境再生产能力所需的资金和劳动投入。生态环境价值理论认为，生态系统本身是具有价值的，生态系统信息传递、物质循环及能量流动等各项功能都能够直接或间接地为人类提供效益。换言之，生态产品价值不仅体现在其作为商品具有的价值，还体现在其自身所具有的生态价值。为实现生态产品价值，有必要对生态资产进行有效的管理和配置，充分考虑生态价值，避免出现生态产品价值被低估的现象。

5. 完善生态产品价值评估能够为拓展生态补偿常态化机制提供依据

生态产品作为公共物品的典型代表，具有公共物品的典型特征，在生态产品价值实现的过程中，一方面存在生态产品价值的付费者或购买者难界定的现象，另一方面存在生态产品供给不足的问题。因此，在实现生态产品价值的过程中，需要引入政府机制解决市场失灵的问题。在确定付费者和购买者方面，对于具有典型公共物品属性的生态产品，采用生态补偿的方式来确定付费者或购买者是最有效的；对于能够明确部分使用群体的生态产品价值实现，一般采用税收管理手段；对于具有私人产品性质的生态产品，则可以通过市场交易的方式由明确的消费者付费。

第三章　相关难点的现状与问题分析

生态环境保护作为京津冀协同发展三大率先突破的重点领域之一，三地在碳汇市场建设、生态补偿常态化机制建设以及生态产品价值实现建设方面进行了前沿性的探索与实践，并取得积极成效。回顾和梳理三地在相关难点领域的进展，有助于识别推进三地生态协同发展的潜在联动机会，并明确京津冀生态相关难点领域当前存在的主要问题。

一、难点一：京津冀碳汇市场建设进展与问题分析

（一）京津冀碳汇市场建设进展

1. 三地积极开展碳汇核算体系建设，为碳汇产品类型创新奠定基础

（1）北京推进碳汇核算从生态领域向生产生活领域延伸，并集多方优势资源探索林业碳汇效益核算。2024 年 1 月，北京市通州区人民政府印发《北京城市副中心（通州区）林业碳汇试点建设三年行动方案（2023—2025 年）》，将林业碳汇试点工作从扩

碳、增碳、保碳、用碳等领域分解为 13 类任务，力争到 2025 年将通州区建设成为全国林业碳汇先行示范标杆；2023 年 7 月，北京市生态环境局印发《关于在建设项目环境影响评价中试行开展碳排放核算评价的通告》，标志着建设项目的碳排放管理已经进入事中运行阶段管控，碳汇核算从生态领域向生产生活领域延伸。近年来，北京积极探索林业碳汇效益核算，对区域园林绿化资源碳汇进行了摸底调查。具体而言，通过收集整理近 15 年区域绿化资源数据与国土资源调查数据等资料，采用北京市内通用的生物量模型方法，对区域绿化资源碳汇能力进行了详细核算，并利用主要树种异速生长模型、空间代替时间、气候情景模型等方法，对区域绿化资源储碳潜力及其未来变化趋势进行了估算。

（2）天津建立起了"天空地一体化"监测网络体系支撑生态碳汇核算。天津市运用现场测定、样地清查、遥感估算等方法，对天津市生态系统遥感影像和土地利用数据进行了分析研究，建立了天津市碳汇能力核算方法体系；通过强化国土空间管控，严格保护各类重要生态系统，发挥森林、湿地、耕地等固碳方式，全方位提升了生态系统碳汇能力，并且利用"天空地一体化"监测网络体系对修复区盐沼碳储量进行调查监测，研发盐沼碳汇计量方法，评估修复区盐沼生态系统碳汇增量和碳汇能力，开展牡蛎礁生态系统碳循环机制探索研究，评估修复区牡蛎礁生态系统的固碳潜力。

（3）河北以塞罕坝机械林场为核心积极开展生态本底核算。

河北省塞罕坝机械林场及周边区域的固碳项目为区域生态价值转化提供了可借鉴、可复制的河北模式。2023年承德市生态产品价值全省最高，全市森林、草原、湿地资源年可涵养水源32.7亿立方米、保育土壤8 883.8万吨、固碳712.5万吨、释放氧气586.2万吨，资产总价值达5 019.2亿元。此外，承德市已经完成覆盖全域12个优质树种的108个监测点位布设，可计算固碳产品的林地面积2 644万亩，固碳产品总量达8 698.84万吨。

2. 三地在碳汇产品开发上表现出多样化的趋势

（1）北京积极探索面向新领域的方法学，推动绿色金融、民生等领域碳汇产品开发。2023年11月，北京市生态环境部门为进一步鼓励交通领域降碳减污，发布了全国首个面向车用氢能领域的碳减排方法。2023年8月，全国首个氢能碳减排项目在北京落地，该项目由大兴区相关企业牵头，依托京津冀智慧氢能大数据平台，实时监控氢燃料电池汽车运行情况，核算减碳成效，预计每年碳减排量达2.4万吨。经审定签发的减排量可作为碳排放抵销产品，参与北京碳市场交易，产生的收益返还车辆所属企业，形成良性循环。此外，北京市还将出租车行业纳入低碳出行碳减排量履约范围，持续探索实现小客车由燃油向电动转换、氢燃料电池汽车等自愿减排机制与碳市场的有机融合。同时，北京还通过碳市场激励机制，通过将额外购买绿电排放量计为零的方式，鼓励重点碳排放单位购买使用绿电，显著提升重点排放单位消纳绿电的积极性。绿色金融产品创新方面，推动落地北京市首单绿色（碳中和）商业房地产抵押贷款支持证券（CMBS），支持

"STOXX 邮银 ESG 指数"成功发布；开展"绿色信贷+绿色建筑+绿色监理"模式，探索推动绿色金融标准与绿色建筑标准衔接；绿色金融产品服务创新的支持作用不断加强；落地北京市首单CCER 质押贷款创新产品，用于支持林业碳汇项目，挖掘生态产品价值，助力碳交易市场创造更多碳汇资源；探索"绿色仓储+分布式光伏"模式，成功落地首都机场航港物流园银团贷款，运用碳减排支持工具落地清洁能源大基地项目。此外，北京市依托碳普惠平台（北京 MaaS 平台），通过收集公众低碳出行碳减排量，创新性地打通了碳普惠和碳交易，经审定后的碳减排量可在北京试点碳市场交易，用于重点碳排放单位配额清缴抵销或相关碳排放单位主动履行减碳社会责任。截至 2023 年 9 月，北京MaaS 平台用户超 3 000 万人，日均服务绿色出行 450 余万人，绿色出行碳减排量达 32 万吨。

（2）天津市建成全市首个林业碳汇项目试点区，建立起绿色交易综合服务平台。在碳汇产品开发的重点项目上，天津市的津南区已经成为全市首个林业碳汇项目试点区，已经建成的津港、宁静高速绿化带和绿色生态屏障建成区的 2.7 万亩成片林地，年均二氧化碳当量约 1.25 万吨，这些林地在碳汇项目 20 年有效期内预计可创收 750 余万元。在碳汇产品交易形式上，天津市以CNS（碳中和标准）小微碳汇项目申报、交易为主的"双碳"产业综合服务平台——"碳汇宝"绿色交易综合服务平台已经正式上线运营。该平台先已经形成了 VCS（国际核证碳减排标准）、VER（自愿减排量）等碳指标产品咨询、交易，不仅能够为企业和个人提供综合碳服务，还能进一步夯实绿色交易综合服务平台碳汇开发及交易基础。随着低碳技术孵化、转化，企业碳中和等功能板块的逐步完善，"碳汇宝"平台用户数量稳步增长。截至2023年底，周访问量达 5 000 余次，累计注册认证上千人，注册企业百余家，累计总成交量 38 180 吨，其中线上交易量 33 180 吨。此外，天津市还创新性地开展了绿电碳排放核减，截至 2023 年 6 月 30 日，纳入天津市碳交易试点的 145 家企业全部完成 2022 年度碳配额清缴工作，实现履约率连续 8 年达 100%。

（3）河北省在碳汇产品开发上取得了明显进展，碳汇产品的市场参与主体扩展到更多行业。河北省通过创新建立的降碳产品价值实现机制，深化了降碳产品开发领域，从林业扩展到草原、湿地以及海水养殖的"蓝碳"，并且开发区域也从承德、雄安新区扩展到石家庄、秦皇岛等地。河北省举办了全省第四批降碳产品价值实现集中签约仪式，降碳产品的市场参与主体已从钢铁、焦化等行业拓展到玻璃、热电、水泥等更多行业，降碳产品挂牌范围也已经扩展到了草原、湿地、景区碳普惠等众多领域。河北省还实现了从碳汇项目的单一发展到碳普惠领域的突破，并建立了与环评和排污许可挂钩的碳排放抵销制度，从而强化了价值转化机制。河北省现已构建起了包含降碳产品方法学、碳减排量核算方法学在内的生态固碳、生活低碳、生产减碳"三位一体"的方法学体系，为降碳产品价值标准化核算奠定了基础。截至2023年底，河北省累计完成的降碳产品项目开发有 26 个，核证总规模近 700 万吨，累计交易达 131.5 万吨，实现价值转化 7 390 万元。

3. 三地碳汇产品交易机制不断创新，异地交易初步实现

（1）在碳汇产品交易机制建设方面，北京在全国率先探索建立了较为完善的碳交易法规和市场规则，建立起了"1+1+N"的法规政策体系，除《北京市碳排放权交易管理办法（试行）》之外，相关主管部门还制定出台了配额核定方法、核查机构管理办法、场外交易实施细则、公开市场操作管理办法、碳排放权抵消管理办法等配套政策与技术支撑文件；基于碳市场框架搭建了碳普惠项目，将公众践行绿色低碳出行积累的碳减排量集中向主管部门申报，经核定签发的减排量可在北京碳市场上出售，拓展碳汇产品来源渠道。天津市积极创新碳汇产品交易机制，依托中国人民银行征信中心动产融资统一登记公示系统，对碳排放权配额进行质押登记和公示，保障质押法律效力，在排放权交易所进行质押登记，对碳排放权配额进行实质性冻结，增加押品处置可控性，有效规避风险和后期法律程序处置成本等。相继发行全国首单"碳中和"资产支持票据、全国首单租赁企业可持续发展挂钩债券、全国首笔"蓝色债券"，落地全国首单"双质押登记"模式碳配额质押贷款、全国首笔汽车金融行业绿色银团贷款等首创性金融产品。河北省 2020 年制定的"2021—2025 年主要污染物排放权交易基准价格"，在交易行为规范、交易价格管理、市场监测与评估等方面都起到了积极作用。目前，河北省排污权抵质押贷款业务已逐步开展，2023 年 12 月，河北衡水排污权二级市场启动，全省首笔自主促成的排污权抵质押贷款签约，为促进重

点行业排放改造与重点设施深度治理，完善金融对生态环境业务的支持提供了良好基础。

（2）在三地碳汇产品异地交易的顶层设计上，三地联合印发《关于协同推动绿色金融 助力京津冀高质量发展的通知》，要求按照《国家产业结构调整指导目录》，大力推进绿色能源替代行动，构建绿色低碳产业体系，促进京津冀生态环境支撑区、承德塞罕坝地区、张家口可再生能源示范区金融服务提质增效。

（3）在三地碳汇产品交易方面，承德市推动塞罕坝生态开发集团争取入列中国核证自愿减排量（Chinese Certified Emission Reduction，CCER）核证机构，促进塞罕坝生态开发集团与中国宝武钢铁集团、华宝证券签订《减排量购买和交易协议》，在河北省率先启动地市级排污权市场化交易，为将区域生态优势转化为发展优势奠定了坚实基础。

（二）京津冀碳汇市场建设存在的主要问题

1. 京津冀碳交易的市场机制并不成熟

首先，碳市场尚未形成有效的竞争环境。尽管 2013 年北京就已经会同天津、河北、内蒙古等地签订了关于开展跨区域碳排放权交易合作研究的框架协议，但由于参与主体数量有限、市场开放度不足以及碳交易信息的不对称等因素的影响，市场竞争机制尚未完全发挥作用，不仅限制了市场的活跃度和效率，也影响了碳汇产品的供需关系和价格机制的正常运作。其次，三地的碳市场的交易规则尚未完善。目前京津冀碳市场在交易规则、监管政策和执行力度等方面存在不足，导致市场运作的不透明和规则执行的不严格，出现碳排放数据的虚报和碳信用的过度交易等问题，进一步影响了市场的公平性和诚信度。最后，碳市场的不成熟直接影响了企业的参与积极性。企业在进行长期投资和策略规划时面临较大不确定性，导致企业对碳减排项目的投资以及非限定行业外其他企业自主参与碳汇交易的积极性不足，从而减弱了碳市场的整体活力和发展潜力。

2. 在碳排放标准和碳补偿机制等方面缺乏有效统筹联动

一方面是碳排放标准的差异。京津冀三地由于经济发展水平、工业结构和环保目标的不同，制定了不同的碳排放标准，北京设定了更严格的排放限制和更高的标准，天津和河北相对宽松，这种标准的差异化使得跨区域的企业在执行时需要调整各地的运营策略，增加了企业的管理成本和运作复杂性，降低了效率。

另一方面是尽管京津冀三地已进行碳补偿的初步探索，但从整体来看，尚未形成稳定长效的京津冀碳补偿机制体系。目前京津冀政府性碳补偿实践主要是以财政补贴等形式开展，在一定程度上抑制了碳补偿的经济激励作用，增加了三地政府的财政压力，易产生治理资金短缺、经济成本较高等问题。

3. 碳汇相关技术发展不均衡

在京津冀区域的碳汇市场建设中，技术发展的不平衡尤为明显，尤其在碳汇的监测、报告和验证（MRV）等关键技术领域。

首先，监测技术的不成熟限制了对碳汇量准确性的把握。碳汇项目的监测需要复杂的数据收集和处理技术，包括卫星遥感、地面观测和生态模型模拟等，当前这些技术在京津冀地区的应用尚未完全普及，地面观测明显受限于观测点布局和观测手段。其次，报告系统不完善。碳汇项目的报告系统负责汇总和分析监测数据，生成碳汇报告，由于缺乏统一的报告标准和方法，以及各地区在数据处理和报告制作能力上的差异，报告的质量和可靠性存在变数。最后，验证机制不健全。验证是碳汇项目管理中的重要环节，其目的是确保项目达到既定的碳减排目标。京津冀地区在建立有效的第三方验证机构、制定科学的验证标准和方法等方面仍处于起步阶段，缺乏有效的验证机制，导致碳减排数据的夸大或虚报。

4. 碳汇核算标准不统一

三地在碳汇核算标准以及覆盖的领域上存在较大差异。北京已经发布的统计核算规范包含了电力生产业、水泥制造业、石油化工生产业、热力生产和供应业、服务业、道路运输业等行业；天津建立了地方标准，围绕电力、热力、钢铁、石化、化学制品等高碳行业制定技术规范，并发布了《天津市城市绿地碳汇设计导则（试行）》，规范了绿地碳汇的核算标准；河北则主要集中在钢铁、焦化、玻璃、水泥等行业。从三地统一的碳汇核算技术规范来看，目前只有《低碳出行碳减排量核算技术规范》实现了三地核算标准的统一。

二、难点二：生态补偿常态化机制建设进展与问题分析

（一）生态补偿常态化机制建设的主要进展

1. 生态涵养区与生态受益区的生态补偿合作不断深化

从跨行政区生态补偿合作的参与主体来看，2018 年，为进一步加强饮用水源地生态环境保护联防联控力度，京冀两地政府联合将官厅水库划定为饮用水水源保护区，同时签订了《密云水库上游潮白河流域水源涵养区横向生态保护补偿协议》。2019 年，京冀两地共同编制潮河流域生态环境保护综合规划，稳步实施密云水库上游横向生态保护补偿协议。2020 年，北京市密云区、怀柔区、延庆区和河北省承德市、张家口市共同签署保水合作协议，京冀两市三区组成"保水共同体"。截至目前，京津两地与张家口之间开展的生态补偿合作是京津冀范围内最为典型的生态补偿模式。近年来，北京市和天津市加强了对张家口市生态建设的支持力度。从地缘关系角度来看，张家口市位于河北省西北部，地处京、冀、晋、蒙交界处，是整个华北地区重要的生态屏障和水源涵养地，在保障京津生态环境过程中发挥重要作用。同时，张家口是国家"退耕还林（草）工程"、"京津风沙源治理工程"和"21 世纪首都水资源可持续利用工程"重点实施地区。多年来，京津对张家口环保资金支持力度在逐步提升。2006 年以来，京张联合开展共计 8 批水资源治理项目，涉及项目 43 个，总

投资金额达 1 亿元；2014 年和 2015 年北京市两次对坝上地区退化林改造工程提供资金支持，2 年投资金额共计超过 1 亿元。同期，天津市也对相关项目提供了资金支持，2 年合计金额达到 2 904 万元。

2. 在补偿标准上，以项目为依据建立起多种补偿标准

现行补偿标准的特点在于：

（1）不同项目补偿标准不同，同一项目在不同时期的补偿标准和补偿内容不同。自 2000 年开始，京津风沙源草原治理项目在张家口市全面实施，主要包括围栏封育（一期为 0.06 元/平方米；二期为 0.024 元/平方米）、飞机播种（0.075 元/平方米）、人工草地栽培（0.24 元/平方米）、草种基地建设（0.75 元/平方米）、棚圈建设（0.225 元/平方米）、饲料加工机械维修建设（2 000 元/台）、青贮窖建设（120 元/立方米）、贮草棚建设（120 元/平方米）。在退耕还林还草项目中，一期建设中列有管理、管护费用（每年 0.003~0.004 元/平方米），但二期建设的补偿款不再包含这部分内容。

（2）直属区与非直属区补偿标准不同。在张家口市内部存在不同的补偿标准。张家口财政局资料显示，2009—2016 年，中央向直属区投入的生态补偿额度高出非直属区 2 倍，有些年份甚至高出 5 倍之多。以 2016 年数据为例，赤城县、崇礼区虽然是水源保护重点区和冬奥会会场所在区，但由于两地属于非直属区，因此所接受的生态补偿水平仅为直属区平均水平（7 995.75 万元）的一半，分别为 3 950 万元和 4 098 万元。

3. 建立了以经济和技术补偿为主的生态补偿方式

张家口市现行的生态补偿方式主要分为经济补偿和技术补偿两类。其中，经济补偿主要包括中央直接生态补偿资金、横向补偿资金、产业建设资金、生态奖补等。技术补偿主要包括人员培训、技术设备等。从项目来看，主要包括风沙源治理、退耕还林还草、巩固退耕还林还草、北京水源保障等。政府财政资金投入为其主要的资金来源。在应用场景上，一是京津冀地区探索生态产品总值（GEP）和地区生产总值的跨区交换补偿，在生态涵养区和结对平原区之间，利用结对协作资金实施 GEP 和 GDP 的交换补偿。二是基于 GEP 核算结果的跨区域横向生态保护补偿机制，逐步拓展新增碳汇抵扣、GEP 考核目标等跨区域横向补偿的标的物，完善京冀密云水库上游潮白河流域水源涵养区横向生态保护补偿机制以及官厅水库上游永定河流域水源保护横向生态保护补偿机制。

（二）生态补偿常态化机制建设中存在的主要问题

1. 三地生态补偿实践过程中缺乏中央政府的纵向协调

与其他地区生态补偿实践相比，京津冀生态补偿协调机制有待完善，其中最重要的问题是缺少中央政府介入。在生态补偿双方谈判过程中，谈判双方地位不对等易导致难以促成合作，受益的地区往往占据谈判主动地位，相反生态涵养的贫困地区比较被动。这时候就需一个具有实权的领导者引导谈判，以促使双方顺利达成合作协议。如果在同一个行政区域内，上级政府能够有力影响双方的最终决定，促成双方达成有利于生态补偿的合作决议。一个典型的案例就是龙岩市、漳州市、厦门市在福建省政府的统一领导下就九龙江流域的生态问题达成了统一的生态补偿模式。然而，京津冀就生态问题并未形成有效的上级政府统一领导范式，跨行政区域协商易出现三方都从己方利益出发、各自为政，难以达成一致的局面。

但在多方艰难沟通之下，河北省承德、张家口与北京市签署了生态补偿协议，而进一步拓宽协议覆盖面仍是一个艰难的挑战。

2. 京津冀三地的生态补偿模式缺乏立法支持和保障

法律的强制约束能够促进生态补偿机制的建立和顺利推行。京津冀生态补偿缺乏法律的支持与保障，生态补偿机制的建立和施行都需要法律的强制约束。我国横向财政转移支付制度尚不完善，国内地区之间的生态补偿机制仅为不受财政制度支持的自我探索，缺乏政策和法律的支持，具体的实施效果尚不明显，且未形成普遍适用的成熟模式。生态补偿领域法律保障难以支撑现有的生态补偿机制探索，急需进一步加强立法的约束与规范。我国在生态补偿领域还没有专门的法律法规来规范地区之间的生态补偿问题，现有的相关法律、法规和规章制度局限于特定区域的不同层面，并没有形成全国统一的法律框架。从立法层面进行规范和保障，是建立和完善生态机制的坚实基础。

3. 京津冀生态补偿过程中的生态价值核算较为困难

财政转移支付是跨行政区域生态补偿的主要方式。横向财政转移支付的首要问题就是如何判定生态补偿价值量，即如何衡量具体的生态损失并以何种方式准确补偿。国内各个地区之间生态补偿所面临的情况各不相同，尚未形成一个统一的普遍适用于全国生态补偿的价值评估标准。谈判双方不知道如何以较准确的方式对生态损失进行定价，补多补少难以评判，难以拟定生态补偿的具体事宜，进一步导致跨地区之间生态补偿协议难以推进。学术界和第三方机构对于特定区域的生态产品价值核算尚无法达成一致意见，缺乏趋近现实且合理的生态价值核算标准体系。这种情况下，地方政府在生态补偿问题谈判过程中各自使用不同的生态价值核算标准进行核算，在利己偏向作用下势必会导致核算结果偏差较大，对生态价值量的评估难以达成一致意见，给生态补偿协议的达成造成了极大的困难。而且，京津冀的生态价值核算过程中存在补偿标准较低的问题，无法根据实际的运营成本确定具体的补偿标准。目前，大多数生态补偿项目的运营成本和机会成本远高于现有补偿标准。以赤城县曾经的支柱产业畜牧业为例，多数家庭的主要收入来自畜牧业。自实施"京津风沙源治理工程"开始，北京周边的山区禁止放牧，畜牧业受到严重影响。此项政策施行之后的 3 年时间内，赤城县全县的牛存栏量减少了 4.6 万头，羊存栏量减少了 48 万只。大幅减少的畜牧数量导致以畜牧业为主的乡镇居民收入也大幅减少，据当地畜牧局统计，赤城县每年养殖业的损失高达 6 500 多万元。除了畜牧业的直接损失之外，间接的机会成本和经济损失对张家口来说影响严重。

4. 生态产权边界尚不清晰，生态补偿标准缺少客观评价体系

当前，京津冀生态补偿机制生态产权边界不清晰，补偿标准定价机制不合理。京津冀地区各地级市生态产权没有明确界定，生态价值核算标准不统一。生态产权边界不明晰，致使难以建立有效的生态产品交易市场。从生态产权界定角度来看，由于各方利益冲突导致生态产权难以明确界定，给生态产权界定带来较大的困难。从生态补偿标准建立来看，目前各地的生态补偿标准主要由政府出面协调决定，没有由独立的第三方机构采用更加合理、更加科学的评估标准进行定价。这导致无法形成适用于不同地区之间生态补偿问题协商过程的统一、科学、普适的评估标准。定价标准不统一又导致诸多隐含问题，阻碍谈判的顺利进行。随着生态补偿制度的进一步发展、完善，出现越来越多的新情况导致最初确定的评价标准难以应对日益复杂的生态补偿问题，急需一套不断更新的动态化补偿标准。最后，生态补偿标准不统一导致不同地区最终确定的生态补偿标准差距悬殊。比如，张家口市对于生态公益林补偿标准为每亩 5~15 元，然而对于相同补偿项目，北京市的补偿标准是张家口市的 2~8 倍，补偿标准相差巨大也阻碍了生态补偿机制的进一步完善。又如，北京市延庆区护林员的工资为每年 5 400 元，怀来县瑞云观乡镇边城村护林员的工资仅为北京市的 1/3。

5. 生态补偿的资金来源渠道相对单一且缺乏可持续性

生态补偿资金来源决定了补偿资金的持续稳定性，资金来源渠道单一是京津冀生态补偿面临的重要问题，生态补偿税（费）

机制是生态补偿资金来源的主要探索方向。从补偿资金非税收的来源渠道看，政府对于涉及生态补偿的领域以生态环境补偿为名设置对应的费用和基金，补偿费用由多个机构分别管理，未形成统一的费用征管机制。对于补偿资金的使用尚没有合理的使用管理机制，导致收取的费用难以准确使用到生态补偿当中。

（1）从生态补偿收入的征收标准来看，生态补偿费用征收范围没有明确划定，尚未制定统一的征收标准。比如，相对比较完善的排污费用征收问题，由于征收范围不明晰，导致部分污染源仍未被纳入排污费用征收范围。从费用征收标准来看，现行排污费收费标准与污染治理成本之间仍存在一定差距，费用标准不足以支付治理成本。企业污染处罚成本低于企业排污所获收益，在追求利润最大化的目标下，这难以抑制企业排污行为。

（2）从财政支持角度来看，财政资金是京津冀地区生态补偿资金的主要来源渠道，生态补偿主要依靠项目制。生态补偿以"项目工程"为主的模式具有简单方便的优势，但持续性和稳定性会受到项目持续时间的影响。比如，京津风沙源草原治理项目两期补偿标准有较大的差别，2003—2012 年的第一期中，圈舍方面的补偿标准为 40 元/亩，但 2013—2022 年的第二期中此类项目的补偿标准仅为 16 元/亩，资金补偿大幅减少。对于周期长、工程量大、管理困难的草场维护工作来说，工程后期费用不足则难以持续管理。生态补偿的部分资金需要依靠政府财政，而为保护生态使得经济发展受到限制的生态涵养区缺乏足够的财政收入，提供配套资金会给当地政府造成严重的财政负担，财政转移支付不足又迫使财政紧缩，进一步打击生态治理工作的积极性。此外，研究发现京津冀地区对于生态问题有较多的历史欠账，补偿金额一直处于较低水平，同时缺乏完善的补偿资金监管机制，导致补偿资金难以充分发挥生态补偿作用。

6. 政府干预为主导的生态补偿模式未能激活市场主体参与的积极性

在科层制生态治理模式主导下，京津冀生态补偿机制主要是以三地政府推动为主，市场化力量的参与相对不足。企业化的市场补偿机制和非营利性社会组织参与机制尚属空白。科学统一的补偿评定标准尚未形成，导致生态补偿仅能以政府为主导，缺少多元化的补偿机制。政府主观评定生态补偿标准，很难准确反映生态补偿的真实价值，而评价标准不科学导致除政府之外的市场主体难以参与生态补偿定价，市场机制的缺失也使得生态定价难以反映价值规律。京津冀地区受市场化程度低的影响，生态补偿机制仍存在补偿标准与治理成本不匹配、补偿参与主体单一、补偿形式有限等诸多问题，难以调动生态受偿方的参与积极性。而市场机制完善的珠三角已初步建立污染权交易市场，借助市场的力量推动契约制生态协同治理模式的发展与完善。

三、难点三：生态产品价值实现建设进展与问题分析

（一）生态产品价值实现建设的主要进展

近年来，京津冀三地为促进生态产品价值实现出台了一系列

的政策文件。2021年河北省政府印发了《河北省建设京津冀生态环境支撑区"十四五"规划》，该规划将河北划分为京津城市发展提供生态空间保障的环京津生态过渡带；实现京津冀防风固沙和涵养水源的坝上高原生态防护区；作为京津冀生态安全屏障的燕山-太行山生态涵养区；作为京南生态屏障和农田生态保护、水源涵养、环境宜居的低平原生态修复区以及提供海洋生态服务、保障海洋生态安全的沿海生态防护区五个区域。同年，中共中央、国务院印发《关于深入打好污染防治攻坚战的意见》，将强化京津冀协同发展生态环境联建联防联治作为加快推动绿色低碳发展的重点任务。2022年初，京津冀生态环境部门联合制定了《关于加强京津冀生态环境联建联防联治工作的通知》，提出成立京津冀生态环境联建联防联治工作协调小组，加快区域生态环境保护重要目标建立与生态环境保护重大任务落地，协商解决跨区域重大生态环境问题。2022年7月，京津冀三地联合签署《"十四五"时期京津冀生态环境联建联防联治合作框架协议》，明确要求三地生态环境部门进一步拓宽优化配置资源范围，加速协同互利共赢在多领域内实现，在更深层次上挖潜拓新赋能。这些政策的出台为京津冀三地实现跨区域生态产品价值实现提供了一定的制度保障。

1. 京津冀地区推进生态修复，生态产品供给能力持续增强

（1）京津冀地区持续推进绿色生态屏障建设。京津冀地区作为《全国重要生态系统保护和修复重大工程总体规划（2021—2035年）》中布局的北方防沙带生态保护和修复重点区域，不断

推进绿色生态屏障建设。京津冀地区以重大生态保护工程项目为支撑，坚决筑牢京津冀绿色生态屏障。北方防沙带生态保护和修复、太行山燕山绿化、雄安新区千年秀林以及白洋淀上游规模化林场等重点工程项目落地实施，中幼林抚育、灌木林、低质低效林改造提升初见成效，林草资源总量持续增加，生态系统质量持续提升，京津冀生态系统的多样性、稳定性、持续性得到进一步增强。具体来看，张承坝上地区生态综合治理项目通过山地防护林体系和景观生态林建设、坝上高原草原退化遏制、退化防护林修复及风沙源综合治理，全面加强塞罕坝等重点区域森林草原植被保护修复，区域生态质量不断提升。燕山山地生态综合治理项目以天然林和公益林封育保护为主，通过森林抚育、人工造林种草与退化林修复，打造出乔灌草相结合的复层水源涵养林和水土保持林。雄安新区森林城市建设及白洋淀生态综合治理项目采取封山育林与飞播造林相结合的方式，强化深远山区生态系统自然修复；通过高规格整地，大苗木栽植，水、电、路配套，在石灰岩地区规模化推进生态保护修复；采取机整地、路上山、窖集水的治理模式，多树种、多层次混交，在片麻岩地区大规模营造水土保持林和水源涵养林。

（2）京津冀地区不断加强流域共治。京津冀地区内的水系大部分为跨省河流，许多重要地下水水源地位于省界地区，水事关系错综复杂，为此京津冀地区不断加强流域共治，促进流域的综合治理和生态修复，提高生态产品价值。近年来，京津冀地区陆续开展流域水系溯源治理、系统治理以及综合治理，全面实践

"以生态的办法解决生态的问题"。

从京杭大运河综合治理成效来看，2022 年 6 月大运河京冀段全线 62 千米实现互联互通通航，京冀协同推进大运河文化保护传承利用工作，加快推进大运河国家文化公园建设，打造生态小镇，挖掘特色路线，整合惠民服务礼包，推动京冀两地河道沿线文化、休闲和旅游资源开发利用。

从永定河综合治理与生态修复项目来看，自 2016 年《永定河综合治理与生态修复总体方案》印发实施以来，永定河综合治理与生态修复取得明显成效，流域治理的"永定河模式"初步确立，即以永定河流域投资有限公司作为平台和纽带，强化流域统一治理管理，完善流域协同治理机制和公司化治理。

（3）京津冀地区科学开展湿地修复。京津冀地区作为华北平原上的湿地大区，三地积极开展湿地修复工作，加强湿地生态保育，持续提升湿地生态系统质量与功能，共同呵护"地球之肾"。具体来看，河北省以保护优先、科学恢复、合理利用、可持续发展为原则，从湿地保护法规制度、湿地保护管理体系、湿地保护修复工程、湿地保护宣传教育等方面入手，强化湿地保护，恢复湿地生态功能，提高生物多样性。被誉为"华北之肾""华北明珠"的白洋淀湿地、有"京津冀最美湿地"之称的衡水湖湿地、具有丰富自然生态资源的南大港湿地以及作为鸟类迁徙重要通道的大潮坪湿地等现已成为河北省的生态名片。天津市七里海保护区通过自然恢复和人工辅助方式修复湿地植被 1.6 万亩，通过土地流转、生态移民、生态补水、湿地保护修复等工作，完成了核心区苇海修复、鸟类保护、湿地生物链恢复与构建工程。北京市以宜林则林、宜湿则湿、林水相依为原则，将湿地保护修复纳入了新一轮百万亩造林绿化行动计划，通过加强湿地保护管理，推进湿地面积增长与山水林田湖草系统治理，发挥湿地维护生物多样性、蓄洪防旱、净化水质、调节区域气候、美化环境等多种生态功能。

（4）京津冀推进矿坑生态修复。京津冀地区坚持矿产资源开发利用与生态环境修复治理并重的原则，坚持"预防为主、标本兼治"的理念，应用科学方法开展废弃矿山生态环境修复治理工作，进一步改善矿山生态环境，提高矿山生态环境修复治理能力。具体来看，河北省唐山市古冶区以政府主导、市场化运作的方式来推进区域生态修复，通过招投标的形式引进具有资质的第三方专业队伍，有效解决了废弃矿山治理工程资金需求大、技术难度高等难题，截至2022年已完成历史遗留废弃矿山专业化治理2 000多亩。天津市蓟州区为了让废弃矿坑焕发新活力，探索"生态修复+产业导入"的模式，引入了社会资源参与废弃矿坑的修复治理，并利用矿坑整治的特色地貌，发展特色小镇、滑翔体验、民宿餐饮等文旅新业态，助力废弃矿坑变身休闲打卡地。

2. 京津冀推进生态产业化和产业生态化发展，促进生态产品价值增值

（1）京津冀推动生态产品转化为生态农产品，打造特色生态旅游开发模式。京津冀地区立足自然生态禀赋，积极探索"生

态+"模式，促进生态产品向生态经济转化。一方面，京津冀地区积极发展绿色生态农业，打造绿色品牌，推动生态产品转化为生态农产品，实现农业发展与生态保护的双赢。另一方面，京津冀地区依托丰富的生态资源优势，大力发展生态旅游，推进生态与健康、休闲、文化等业态相融合，推动生态产品向生态旅游产品转化。例如，北京市门头沟区充分挖掘山区绿水青山资源优势，整合京白梨、奇异莓、妙峰山玫瑰、京西白蜜、高山芦笋等门头沟特色农产品，打造"灵山绿产"农业公共品牌。此外，门头沟深化文商旅农多业融合，围绕"门头沟小院+"田园综合体和百果山特色产业，挖掘文化资源，促进三次产业融合发展，创新品牌发展模式，基于标准化农业生产示范基地，发展现代都市农业。又如河北省承德市隆化县立足生态资源优势，打造"生态+"发展模式。一是打造温泉旅游生态惠民模式，利用独特地热资源，七家、茅荆坝等村把生态旅游与美丽乡村、脱贫攻坚、产业发展相结合，发展温泉康养民宿游，促进群众增收；二是打造"红色文化+绿色旅游"模式，开发"革命教育+绿色旅游"线路，传承红色基因，推动旅游发展；三是打造有机产业助力乡村振兴模式，以龙头企业为引领，大力发展有机认证农产品，让贫困户"在家务工挣薪金、土地流转挣租金、土地入股挣股金"，形成了"1项产业生3金"的脱贫长效机制。承德市隆化县在生态产品价值实现方面的优秀经验使其在2021年被生态环境部命名为"绿水青山就是金山银山"实践创新基地。

（2）京津冀因地制宜推动产业生态化发展，促进生态优势转化为产业优势。京津冀地区优化产业结构，大力发展环境友好型、生态适应型产业，如数字经济、洁净医药以及光学元器件等对生态环境敏感的产业，促进产业与生态环境"共生"发展，促进生态优势转化为产业优势。例如，北京市门头沟立足碳排放指标盈余、气候优势，大力发展"生态+高新技术产业"，打造环境敏感型高技术企业基地。具体来看，门头沟紧抓生态本底、碳排放情况等优势，基于现有产业基础与政策，集中力量发展计算产业、媒体行业等，探索发展对散热条件要求较高的、需大量铺设服务器的电子信息行业；基于在媒体行业的积累与经验，探索央视媒体中心建设，发展媒体产业。又如，河北省石家庄市聚焦产业和能源结构调整，在加快落后产能淘汰的同时推进钢铁、石化、建材、纺织等传统行业转型升级，培育壮大新一代信息技术、生物医药、人工智能、电子信息、先进装备制造等低产废强度的战略性新兴产业，通过在鹿泉区、高新区打造产业发展样板区和示范区，推进区域产业发展向园区化、精细化、链条化、循环化方向发展。

3. 京津冀积极探索生态资源变资本的交易机制，助力生态产品价值实现

（1）京津冀地区推动生态资源权益交易。京津冀地区积极探索开展绿电、水权、碳汇等生态资源权益交易，促进生态产品价值实现。在明确相关要素产权的基础上进行的生态资源权益交易，不仅能够实现生态资源权益的价值变现，将生态资源使用价

值转化为市场价值和经济高质量发展所需的生产要素，还能在一定程度上引导区域生态资源向低消耗、低污染、高附加值的行业和企业转移，优化资源配置，促进生态产品价值增值。在排污权交易方面，河北省持续完善排污权交易制度，制定交易规则、交易程序以及可交易排污权认定等政策，先后明确了排污权交易品种、出让标准、交易基准价格，建立起以《关于深化排污权交易改革的实施方案（试行）》为统领，排污权确权管理、政府储备、市场交易 3 个办法，以及市场交易、电子竞价 2 个细则为支撑的"1+3+2"政策体系，排污权交易试点工作取得积极成效。在跨区域水权交易方面，为保障首都供水安全以及周边地区经济的可持续发展，河北友谊水库和响水堡水库、山西册田水库、北京官厅水库签署了水权交易协议书，通过跨区域水权交易的方式实施永定河上游集中输水，发挥了市场机制在水资源配置中的重要作用。在绿电交易方面，2020 年国家能源局华北监管局印发《京津冀绿色电力市场化交易规则》，该规则着力协调京津冀地区电网新能源电量生产与消费的不平衡，以市场化手段实现清洁能源高效消纳、新能源发电合理定价，促进京津冀地区能源结构的清洁低碳转型。2023 年 5 月，京津唐电网绿色电力交易在国家电网有限公司华北分部全面启动，标志着国内首个平价新能源市场化平台正式运行。

（2）京津冀地区创新绿色金融机制。京津冀地区加大绿色金融支持力度，创新绿色金融产品与服务方式，鼓励通过设立绿色信贷、绿色基金、绿色债券以及生态银行等方式促进生态产品价值实现。河北省为挖掘绿色金融潜力，出台《关于银行业保险业发展绿色金融 助力碳达峰碳中和目标实现的指导意见》，该政策鼓励银行保险机构依托各自定位和优势，大力发展绿色贷款、绿色债券以及绿色保险等产品，同时设立碳减排支持工具为绿色低碳项目提供长期限和低成本的资金。2022 年，河北省银行业金融机构绿色信贷同比增长了 63%，且绿色信贷占所有贷款的比例超过了 8%。天津市打造"产品+工具"的组合拳，使得绿色金融领域创新亮点频现，如国家开发银行天津市分行结合于桥水库和北部山区的绿色生态属性，牵头组建了合计 340 亿元的银团贷款，该做法成为践行"绿水青山"就是"金山银山"的典型案例。北京市门头沟区探索建立"生态银行"机制，成立北京京西生态资源管理有限公司，将生态资源规模化收储、整合以及优化，推动生态资源与资本的高效对接。

4. 京津冀探索建立生态产品价值核算机制，助推跨区域生态补偿

（1）京津冀地区自然资源调查与确权工作有序开展。京津冀地区自然资源资产统一确权登记工作的开展，为界定自然资源资产产权主体，明确资产所有权、使用权边界以及权属性质奠定了坚实基础。北京市、天津市和河北省分别出台了《北京市自然资源统一确权登记工作实施方案》《天津市自然资源统一确权登记总体工作方案》《河北省自然资源统一确权登记总体工作方案》，推进自然保护区和自然公园等自然保护地、主要河流湖泊等水流、湿地、草原、海域、探明储量的矿产资源、森林

等自然资源统一确权登记工作。同时，为进一步推进省级自然资源统一确权登记工作，河北省还于 2022 年 4 月出台了《2022年省级层面自然资源统一确权登记实施方案》。截至 2023 年9 月，京津冀地区已完成部分重点区域的自然资源确权登记工作。其中，北京市已完成共青滨河森林公园、北运河、海子水库自然资源确权登记，天津市已完成潮白新河（张贾庄－董塔庄）等自然资源确权登记，河北省已完成塞罕坝机械林场等自然资源确权登记。

（2）京津冀地区探索建立生态产品总值（GEP）核算机制。京津冀地区根据生态系统功能属性，不断完善生态产品价值核算指标体系与技术规范，探索建立生态产品总值核算机制。GEP 是一种可以将各项生态系统服务进行"有价化"计算的方法，能够更为直观地展示生态系统的价值，科学地衡量"绿水青山"到底可以转化为多少"金山银山"。

从北京市门头沟区生态产品总值核算来看，门头沟区依托《门头沟生态系统生产总值（GEP）核算实施方案》与 GEP 核算技术规范、GEP 核算统计报表制度、GEP 核算平台建立起了"1+3"生态产品总值核算体系，并围绕物质产品服务、调节服务以及文化服务 3 个一级指标设置了包含气候调节、固碳、水源涵养、空气净化等的 14 个二级指标，为区域 GEP 核算工作提供了有效指引。

从北京市延庆区生态产品总值核算来看，延庆区自 2015 年开始进行 GEP 核算，是北京市首个开展 GEP 核算的区。随着 2022

年国家规范的出台，延庆区进一步深化了 GEP 核算工作，通过制定本地核算规范、搭建自动化核算与管理平台等，让核算结果更加科学合理。核算结果显示，延庆区 GEP 逐年增长，既守住了"绿水青山"，又推动了"两山"转化，经济社会发展与生态环境保护得到协同推进。

（3）京津冀地区基于 GEP 核算的生态保护补偿机制。京津冀地区探索将生态产品总值核算结果与跨区域横向生态补偿机制挂钩，推动生态产品总值核算结果应用，促进生态优势向发展优势转化。一方面，京津冀地区利用结对协作资金，在生态涵养区和结对平原区之间建立生态产品总值（GEP）和地区生产总值交换补偿机制，提升区域优势资源互补效率。另一方面，通过拓展新增碳汇抵扣、GEP 考核目标等跨区域横向补偿标的物，完善了基于 GEP 核算结果的京冀密云水库上游潮白河流域水源涵养区横向生态保护补偿机制以及官厅水库上游永定河流域水源保护横向生态保护补偿机制。

（二）京津冀生态产品价值实现面临的主要问题

1. 利益交集较少使得京津冀地区生态产品价值实现联动困难

当前，京津冀跨区域生态产品价值实现主要以横向协调机制为主，但横向机制的开展往往要求区域生态目标一致且区域之间利益互补关系较强，对于较为复杂的跨区域生态产品价值实现问题的调节效率不高。从区域差异性的角度来看，京津冀三地分别处于后工业化时期、工业化后期以及工业化中期，且区域内的 13

个城市发展均衡度以及各城市所处的经济发展阶段和状况存在差异。因此，京津冀地区在权衡自身经济效益和区域整体生态效益时较难达成统一目标，易导致跨区域生态产品价值实现难以联动。

从区域间的利益交集来看，京津冀地区间的产业梯度较大，各城市之间的产业关联度和产业依赖度较低，因此在生态产业化、产业生态化的过程中利益交集较少，加大了跨区域生态产品价值实现的难度。

2. 跨行政区域使得京津冀地区生态产品价值实现协调成本高

京津冀地区跨越了三个行政区，因此在生态产品价值实现的过程中，其协调成本高于同一行政区内的多主体协同治理成本。首先，纵向权力介入不足，仅凭各地方政府之间相互协调较难达成生态产品价值实现目标。如在流域治理、生态屏障建设等跨区域生态修复工作中容易出现利益冲突问题，使得治理效果不如预期。其次，京津冀地区在评价自身主管行政区的发展成效时，缺乏对周边区域受到的生态效益或其他外部性的相关评估。对给周边区域带来的正外部性，往往需要以牺牲自身管辖区域的利益为代价。因此，三地政府横向之间较难自发地为周边区域的生态外部性"买单"，这加大了京津冀跨区域生态产品价值实现的成本和难度。

3. 京津冀地区生态产品价值核算方法存在较大差异

京津冀地区各自的生态资源禀赋不同，生态产品核算的核算范围、指标体系以及模型方法存在较大差异，目前尚未形成京津冀地区可推广借鉴的生态产品价值核算方法，加大了生态协同治理的难度。以基于 GEP 考核的跨区域生态保护补偿来看，补偿方与受偿方的地方政府自行估算的生态产品价值往往具有利己的倾向，核算结果存在较大偏差，使得补偿效果不如预期。此外，地区间生态产品价值核算标准差异过大会导致生态产品定价困难。由于不同区域生态产品的核算标准不同，生态产品的定价也会出现差异，这不利于京津冀地区生态产品的市场交易。

4. 京津冀生态产品价值实现的市场化工具运用不足

市场化机制是实现生态产品价值的有效途径，但是当前京津冀地区生态产品的市场化工具运用仍然存在不足，主要表现如下：

一方面是京津冀地区绿色基金运用不充分。绿色基金是专门为环保产业和企业提供投融资服务的基金，是实现生态产品市场化的重要资金渠道之一。但是，目前绿色基金的运用仍然较为有限，这主要是由于对绿色基金的认识和了解程度还较低，现有的基金缺乏商品化、标准化以及可销售性等方面的优势，从而导致绿色基金的资金规模和业务范围受到限制。

另一方面是绿色信贷、绿色债券等金融工具的运用还有待加强。绿色信贷和绿色债券是金融机构和企业为生态项目提供的资金支持，通过资金的流动达到生态产品的市场化目的。然而，在京津冀地区，这些金融工具还没有得到广泛的应用，尤其在一些小微企业和中小企业中，因资金和抵押物等方面的限制，这些金融工具的利用并不充分。

四、生态涵养区在相关生态领域的发展现状——以门头沟区为例

生态涵养区践行生态高质量发展是探索解决相关难点问题的重要路径，北京市委强调门头沟区要保持定力和耐心，把守好绿水青山作为最大政绩，筑牢首都西部生态屏障。门头沟区作为生态涵养区，要想探索一条破解京津冀生态领域难点问题的路子，就要扛牢生态文明大旗，坚持"生态优先、绿色发展"总方针，坚持"人与自然和谐共生现代化"的发展方向，坚持尊重自然、顺应自然、保护自然，绝不走破坏生态、大拆大建的老路，坚定走生产发展、生活富裕、生态良好的文明发展道路，努力当好"两山"理论守护人。

目前，门头沟区正处于经济社会转型发展的关键时期，要促进生态高质量发展，一方面，通过加强生态环境保护，统筹山水林田湖草一体化生态保护，加强森林、河流、湿地等自然生态保护，稳步提升生态系统质量和稳定性，从而提高城乡人居生态环境质量；另一方面，通过加强生态修复，开展永定河等主要河流生态廊道建设，加大荒山、矿山废弃地绿化治理，形成京西绿色生态屏障，树立首都生态治理协作区典范。

（一）生态保护力度整体有所增强，绿色生态本底不断夯实

1. 生态保护网不断织密，生物多样性保护水平逐步提升

保护区动植物日益丰富，2022 年保护区新增植物 192 种，新

增动物 102 种。生态资源基础数据库基本形成，依托生态环境监管平台和大数据等信息化手段，建立了动植物资源物种信息库，强化生态环境及生物多样性保护工作。野生动物种群监测力度不断加强，2022 年监测物种数目同比实现正向增长。编制《迎豹回家——北京市门头沟区野生动植物栖息地保护与恢复行动计划（2022—2027 年）》，启动并有序推进"迎豹回家"计划，同河北谋划共建了华北豹生态廊道和保护区，践行区域生态协同发展，区内生态系统质量及稳定性稳步提高。构建林长制网格化管理体系，全面落实园林绿化资源末端管护主体和管护责任，实现网格化、空间化管理；成功组建北京市门头沟区园林绿化综合执法队，确保林木、林地、湿地和野生动植物得到保护。

2. 持续推进永定河综合治理与生态修复

2022 年底，永定河山峡段综合治理与生态修复工程基本完工[①]。同时，门头沟区自筹配套资金实施土地腾退、树木移栽及线杆改移等工作，全力以赴保障工程施工进度，实现了北京市永定河治理的"三个率先"：一是率先确保工程进场施工，并对土地进行腾退清障，保障山峡段工程有效作业面全部形成；二是率先完成施工范围内树木的移植清障；三是针对永定河治理工程的非林地清障率先发布《永定河山峡段综合治理与生态修复河道清障整治工作方案》，依法依规完成非林地树木清理，为永定河流域其他治理项目起到了重要的示范作用。

---

① 资料来源：人民日报，http://paper.people.com.cn/rmrbwap/html/2023-01/04/nw.D110000renmrb_20230104_4-14.htm.

2016 年以来，门头沟区生态保护力度整体有所增强。

（1）从生态环境用水来看，2016—2021 年，门头沟区生态环境用水量呈倒 V 形的波动变化趋势，从 2016 年的 1 684.1 万立方米上升至 2019 年的最高值 1 943.1 万立方米，后缓慢降至 2021 年的 1 838.3 万立方米，总体而言增加了 154.2 万立方米，但其增速呈 W 形分布，2018—2019 年增速上升最快，从 2.05% 上升至 9.77%，年均增速为 1.77%；从用水结构来看，2016—2021 年，门头沟区生态环境用水量占用水总量的比例不断上升，从 2016 年的 32.8% 上升到 2021 年的 39.6%，提高了 6.8 个百分点，但其增速呈倒 V 形分布，从 2017 年的 4.27% 缓慢增加至 2020 年的最高值 5.36%，后下降至 2021 年的 0.76%，年均增速为 3.84%（见图 4-1），说明用水量在不断向生态用水倾斜，生态保护力度在不断增强。

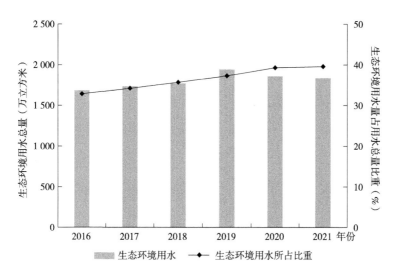

图 4-1　2016—2021 年门头沟区生态环境用水总量及其占用水总量比重变化趋势

资料来源：2016—2021 年《门头沟区国民经济和社会发展统计公报》。

（2）在节能环保支出方面，2016—2021 年，门头沟区节能环保支出以及节能环保支出占财政支出比重均呈现出 V 形变化趋势，其中，支出总量从 2016 年的 48 734 万元逐年下降至 2019 年的 27 856 万元后触底反弹，逐年回升至 2021 年的 42 294 万元，支出占比从 2016 年的 5.57% 下降至 2019 年的最低值 2.51%，后逐年上升至 2021 年的 4.20%，两者均在 2019 年后触底反弹，连续两年增速均保持 20% 以上，呈现向好发展趋势①。

（3）在生态环保企业规模方面，2016—2021 年，门头沟区生态保护和环境治理业在营企业累计注册资本呈逐年上升趋势，从 2016 年的 80 278.53 万元逐年增加至 2021 年的 230 012.11 万元，增加了 149 733.58 万元，但其增速呈波动下降态势，从 2017 年的最高值 57.62% 下降至 2018 年 16.03% 后回升至 2019 年的 23.49%，后又逐年降低至 2021 年的 8.85%，年均增速为 16.11%②，表明门头沟区在企业方面的生态保护力度不断加大。

（4）从生态补偿来看，2017—2021 年，门头沟区接受生态补偿的金额呈 V 形的变化趋势，从 2017 年的 3.89 亿元下降至 2019 年的 3.02 亿元后逐年上升至 2021 年的 3.79 亿元，年均接受补偿额为 3.55 亿元③。此外，2021 年，门头沟区生态保护红线面积调整至 556 平方千米，占全区总面积的 38.4%，较 2018 年增加 7 个百分点④。

---

① 资料来源：2016—2021 年《门头沟区国民经济和社会发展统计公报》。
② 资料来源：龙信企业大数据。
③ 资料来源：北京市门头沟区财政局。
④ 资料来源：北京市规划和自然资源委员会门头沟分局。

2016 年以来，门头沟区通过加强生态保护，使其绿色生态本底不断夯实。

3. 大力实施新一轮百万亩造林工程，持续扩大生态空间

浅山荒山造林任务面积 7 122 亩、浅山台地造林任务面积 300 亩、小微绿地造林面积 66 亩，"留白增绿"造林任务 149.5 亩、"战略留白"临时绿化任务 250 亩、矿山植被恢复工程任务面积 130 亩，目前均已完成主体栽植；"一线四矿"铁路沿线通道绿化工程造林面积 1 350.59 亩，已栽植面积 1 283 亩，栽植完成率达 95%。全力做好京津风沙源治理工作，对完成建设任务的 3 万亩 2021 年京津风沙源治理二期工程进行补植补造，进一步推进四方验收工作。完成自然保护地整合优化工作，整合后全区自然保护地共 9 个，面积 39 670 公顷，并持续加强对各类自然保护地的科学管理。

（1）从森林覆盖率来看，2016—2021 年，门头沟区森林覆盖率呈逐年上升趋势，从 2016 年的 43.3% 上升到 2021 年的 48.3%，提高了 5 个百分点，但增速呈 W 形波动下降态势，2017—2018 年增速下降最快，从 5.54% 下降至 1.97%，2019 年回升到 2.58% 后逐年降低至 2021 年的 0.42%，年均增速为 2.21%（见图 4-2）。

（2）从林木绿化率来看，2016—2021 年，门头沟区林木绿化率除在 2021 年略微有所下降外均呈逐年上升趋势，从 2016 年的 67.2% 逐年上升至 2020 年的 72.8%，2021 年略微下降至 72.75%，整体而言上升了 5.55 个百分点，但其增速呈波动变化趋势，其

中，2017 年增速最快，为 2.98%，年均增速为 1.60%①。

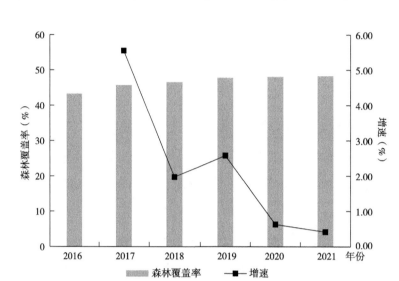

图 4-2　2016—2021 年门头沟区森林覆盖率及增速变化趋势

资料来源：2016—2021 年《门头沟区国民经济和社会发展统计公报》。

（3）从生物多样性保护来看，截至 2021 年，门头沟区自然保护区内共有高等植物 1 292 种，占北京植物总种数的 61.8%，包括百花山葡萄、黄檗和野大豆等 10 种国家重点保护野生植物；拥有陆生脊椎野生动物 271 种，包括褐马鸡、黑鹳、金雕等 45 种国家重点保护野生动物，生物多样性保护成效显著。此外，2019 年以来，门头沟区湿地保护率保持稳中有升，2021 年达到 62.43%。由此可见，门头沟区绿色生态本底在不断夯实。

---

① 资料来源：北京市门头沟区生态环境局。

（二）污染治理效果显著，生态环境质量持续改善

1. 生态环境质量实现新突破

门头沟区聚力攻坚破难，深入开展大气污染防治。全面落实全域烟花爆竹禁放政策，2022 年春节期间 PM2.5 均值为 8 微克/立方米，同比下降 92%，创有监测记录以来同期最好水平；实施"一微克"行动，攻坚治理扬尘污染、移动源、挥发性有机物；全面加强施工、道路、裸地扬尘管控，深入开展重点行业 VOCs专项行动，提前超额完成重型柴油车全年检测任务；集监测、监察、监管、治理、决策指挥调度为一体的生态环境大数据综合应用平台基本建成，为全面提升生态环境监测和精细化治理提供可靠数据支撑。截至 2022 年 11 月 15 日，门头沟区 PM2.5 累计浓度为 29 微克/立方米，同比下降 9.4%；优良天数 253 天，同比增加 14 天；空气重污染 2 天，实现 PM2.5 与重污染天数"双降"；重要会议开闭幕式期间空气质量保持一级优水平；降尘量 3.4 吨/（平方公里·月），由全市倒数跃升至全市前列。

2. 水污染防治工作稳步推进

门头沟区生态环境局坚持"三水统筹"，完成区、镇、村三级集中式饮用水源使用情况和水质现场调研，实现"一源一档"动态管理；构建镇村断面监测评价体系，深入抓好入河排口排查整治，巩固小微水体治理成果；梳理辖区地下水环境质量状况，完成地下水质取样和检测分析；持续开展入河排污口整治，加强污水处理站管理，巩固小微水体整治成果。2022 年，全区

水环境质量保持稳定，4个市级考核断面稳定达标，保持Ⅲ类及以上。

3. 土壤污染防治扎实开展

区生态环境局坚持"三地齐抓"，强化农用地安全利用，完成57口灌溉井水质检测；强化建设用地风险防控，动态更新土壤污染重点监管单位名录，完成首钢生物质能源科技有限公司等3家重点监管单位土壤污染隐患排查工作；开展土壤污染状况调查，强化未利用地土壤污染管控，对环境安全隐患已全部完成整改。2022年，全区土壤环境质量类别均为优先保护类耕地，污染地块安全利用率为100%。

2016年以来，门头沟区在污染治理方面的成效显著，生态环境质量持续改善。

（1）在大气污染治理上，2016—2021年，门头沟区主要污染物年均浓度值均实现显著降低（见图4-3），其中可吸入颗粒物（PM10）年均浓度值由2016年的91微克/立方米下降至2021年的57微克/立方米，降幅达37.36%，已连续3年达到国家二级标准（70微克/立方米）；二氧化氮（NO_2）年均浓度值由2016年的42微克/立方米下降至2021年的25微克/立方米，降幅达40.48%，已连续5年达到国家二级标准（40微克/立方米）；二氧化硫（SO_2）年均浓度值由2016年的10微克/立方米下降至2021年的3微克/立方米，并连续5年保持个位数，已持续稳定达到国家二级标准（60微克/立方米），大气环境治理成效明显。

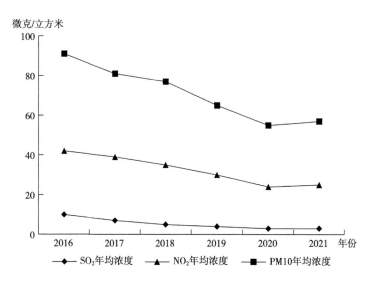

图 4-3　2016—2021 年门头沟区主要污染物年均浓度变化趋势

资料来源：2016—2021 年《北京市生态环境状况公报》。

（2）在水污染治理方面，永定河综合治理和生态修复工程取得实质性成效，生态补水助力地下水位大幅提升，永定河再现碧水长流壮观景象，吸引大批苍鹭、黑尾鸥、黑鹳等鸟类栖息觅食，山峡段水中也发现已多年不见的黑鳍鳈、宽鳍鱲等珍稀鱼类；建成生态清洁小流域 40 条，治理中小河道 100.3 千米，治理城区 5 条排洪沟，全面消除了黑臭水体；率先实施河长制，2016—2021 年，全区 4 个地表水考核断面永定河山峡段沿河城（国考）、永定河山峡段三家店（市考）、斋堂水库（市考）、侯庄子村断面（市考）水质达标率稳定维持在 100%，水环境质量稳步改善。

（3）在土壤污染防治方面，门头沟区 2019 年开始依据本区耕地土壤环境质量类别划定成果、市级长期监测点位检测情况，全区耕地均为优先保护类耕地（未受污染），不存在受污染的安全利用类和严格管控类耕地，但为了从源头上管控土壤环境风险，门头沟区制定了《门头沟区耕地分类管理工作方案》，以进一步加强耕地分类管理工作力度，有效管控风险，促进耕地土壤生态系统良性循环，使得优先保护类耕地土壤环境质量不下降，安全利用类和严格管控类耕地土壤环境安全得到保障。2019年以来，全区土壤环境总体良好，土地安全利用率、污染地块安全利用率均保持在高位，达100%。

（三）节能减排深入实施，能源结构低碳转型效果初显

1. 推广清洁能源，加快"煤改电"进展

龙泉潭柘寺镇"煤改电"工程高压部分已竣工，已完成外线改造的用户具备实施"煤改电"电费补贴条件。2022年1—10月，门头沟区天然气气化率为89%，同比上升2个百分点。

2. 提升用能效率，全面推进智慧供热

为城区安装室温采集器，覆盖供热系统的远、中、近楼栋，建筑物内的顶、中、底、边热用户，供热单位可依据天气、室温两个变量及时调整热量供应，实现精准供热。智慧供热项目完成二阶段冷态调试，石门营热力站、黑山热力站已经完成总体工程量的99.5%。

3. 探索开展碳排放监测

通过卫星监测与地面监测的结合，构建星地一体大气污染和

74

碳排放监测体系，开展"污碳特征"协同研判和溯源分析；开展门头沟区能源、碳排放、碳汇现状摸底调研，初步形成碳排放研究报告及清单；加强碳排放企业管理，指导督促10家碳排放单位按要求完成报告提交工作；以文旅康养产业为抓手打造"零碳乡村""低碳园区"等碳中和示范项目，组织北京明珠琉璃制品有限公司、王平镇河北村等单位申报2022年北京市先进低碳技术试点项目，推动中关村门头沟园以园区为单位开展北京市整体光伏开发试点。

2016年以来，门头沟区深入实施节能减排，能源结构低碳转型效果初显。

（1）从资源集约使用情况来看，能源的集约使用效率有所提升，2016—2021年，门头沟区万元GDP耗水量除在2017年略微有所上升外均呈逐年下降趋势，从28.61立方米下降至18.43立方米，下降幅度为38.57%，水耗下降速度也呈波动变化趋势，其中2017—2018年万元GDP耗水量降速最大，达25.21%，年均下降率为8.42%（见图4-4）。此外，为减少能源消耗，"十三五"期间，门头沟区开展了"腾笼换鸟、产能疏解"工作，石龙经济开发区多个生产项目已疏解到其他地区。

（2）从减少二氧化碳排放来看，二氧化碳控排效果显著。"十三五"时期，市级下达门头沟区的单位地区生产总值二氧化碳累计下降率目标为20%，门头沟区实际单位地区生产总值二氧化碳累计下降率为37.4%，高于单位地区生产总值二氧化碳累计下降率目标17.4个百分点，顺利完成"十三五"时期单位地区生产总值二氧化碳累计下降率目标。

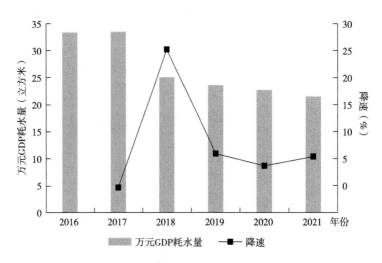

图 4-4　2016—2021 年门头沟区万元 GDP 耗水量及降速变化趋势

资料来源：2016—2021 年《门头沟区国民经济和社会发展统计公报》。

（3）从推动清洁能源规模化利用方面，新能源和可再生能源发展提速。2015 年，门头沟区可再生能源消费量为 6 329.57 吨标准煤，综合能源消费量为 66.27 万吨标准煤，可再生能源占能源消费比重为 0.96%；2020 年，全区可再生能源消费量为 18 416.68 吨标准煤，综合能源消费量为 57.13 万吨标准煤，可再生能源占能源消费比重为 3.22%，相较于 2015 年，可再生能源占比增长率超 237.51%。2016—2021 年，门头沟区可再生能源供热比例稳中有升，2021 年上升到 3.16%[①]。

——————

① 资料来源：门头沟区城市管理委员会。

（四）绿水青山价值初步显现，但"两山"转化成效需进一步提升

1. 乡村旅游特色产业加快培育，成为乡村振兴的有力支撑

"门头沟小院"发展已初具规模，为更好满足游客"住得下、住得精"的市场需求，制定"门头沟小院"精品民宿建设和管理的制度体系，引导推动"小院"规范、有序发展，鼓励存量精品民宿经营企业提升小院建设品质，加强精品民宿与文旅农商体各领域的联动发展，提升精品民宿附加值和产业链价值。2022年门头沟区新建成营业精品民宿13家，1—10月，"门头沟小院"营业精品民宿数量达73个，同比增长48.98%，共接待游客104 000人次，同比增长50.10%，实现收入4 913.8万元，同比增长79.80%；盘活闲置院落数量275套，同比增长37.50%。1—10月，全区17个A级景区总接待人数达176.61万人，同比下降5.07%，接待收入达10 803.6万元，同比增加8.78%。2022年，依托北京市休闲农业"十百千万"畅游行动项目，推动打造2个市级休闲农业精品线路节点，提升9个美丽休闲乡村、10个休闲农业园区，上半年，全区休闲农业和乡村旅游接待游客约13.75万人次，同比减少20.41%，实现收入2 833.71万元，同比增长5.83%。

2. 生态产品价值实现机制探索取得阶段性成果，生态优势进一步向产业优势转化

初步探索形成"1+1+2"的实现路径，"1"即一个方案：以永定河流域为基础，完成《门头沟区建立健全生态产品价值实现机制实施方案》，提出2022—2025年生态产品价值实现工作任务，

提出政府与市场双轮驱动、流域与区域协同发力、保护与开发良性循环的生态产品价值实现路径。"1"即一条主线：选定王平镇西王平村京西古道沉浸式生态小镇项目作为试点，以"特定地域单元生态产品价值核算及应用"为核心主线，形成"确定特定生态单元，选择项目运作模式，评估生态产品价值，对接资本市场，健全收益分配机制，实现可持续"六大逻辑闭环，并形成五个方面成效。"2"即双平台建设：全力推进"生态银行""生态文明研究院"组建和北京市生态文明实践基地建设。"生态银行"即北京京西生态资源管理有限公司，已完成注册登记，实现"平台创新、机制创新、绿色金融创新和交易规则创新"，并增加了融资担保功能，增加了真正意义上的金融化属性；"生态文明研究院"即北京市格睿生态文明研究院，目前正在按照民非组织①形式办理注册登记手续，北京市生态文明实践基地，是在市委宣传部的大力支持下建立全市性的宣传展示基地，旨在梳理习近平生态文明思想沿革，展示全国、北京市以及门头沟区的生态文明建设成果，同时也是地区生态产品的展销展示基地。

强化低碳试点示范引领，开展"零碳乡村"调研及数据核算，探索以西王平村为试点的特定地域单元生态产品价值核算评估及应用；实施生态系统碳汇能力提升技术与示范项目，开展主要生态系统的固碳及增汇能力评估，探索实现林业碳汇交易。百花山利用监测站智能生态监测设备，全天候、大范围、高精度实

---

① 全称是"民办非企业单位（组织）"，是指企业事业单位、社会团体和其他社会力量以及公民个人利用非国有资产举办的，从事非营利性社会服务活动的社会组织。

时监测森林生态系统生产力与水汽交换、负氧离子、乔木蒸腾、光合作用、叶面积等指标，2022 年总固碳、释氧含量分别约为54.27 万吨、66.25 万吨，各项关键指标排名均处于北京市前列。积极开展林下经济发展模式，探索林果、林药、林菌、林苗、林花等多种森林复合经营模式和林下经济+森林旅游综合体，积极发展林下经济及相关产业。结合区域地理特色，建成全区唯一可实现无人值守的民用远程操控天文台——百花山天文台，探究以"星空保护"走出"暗夜经济"的发展新路径。

2016 年以来，门头沟区依托丰富的生态资源，积极探索"绿水青山"转化为"金山银山"实践路径，促进生态产品价值增值。比如，打响"绿水青山门头沟"城市品牌，不断推广"京西智造""门头沟小院""灵山绿产"等产业层面区域公用品牌，按照"精品经济、精品小镇、精品旅游"发展方向，不断加快培育乡村旅游特色产业。以"门头沟小院"精品民宿为例，自 2019 年以来民宿数量逐年增加，从 2019 年的 15 家增加到 2021 年的 49 家，数量增加了两倍多，盘活的闲置院落数量也从 2019 年的 102 个增加到 2021 年的 200 个，接近翻了一番。但精品民宿接待的游客数量及年收入因受疫情影响呈现波动变化，其中，接待游客数量从 2019 年的 57 933 人下降至 2020 年的 27 956 人后又回升至 2021 年的 87 000 人，增幅超 50%；精品民宿年收入从 2019 年的 1 212.4 万元下降至 2020 年的 1 736.0 万元后又回升至 2021 年的 3 501.7 万元，收入也接近翻了一番[①]。绿水青山价值初步显现，

———————

① 资料来源：门头沟区文化和旅游局。

但"两山"转化成效却有待进一步提升，从休闲农业来看（见图4-5），2016—2020年，门头沟区观光园总收入呈下降趋势，从4 433.8万元下降到923.1万元，下降了3 510.7万元，降幅超79.18%，虽然2021年收入又大幅反弹至2 401万元，但总体降幅达45.85%；2016—2020年，观光园接待人次呈波动下降态势，从39.57万人动态下降至11.87万人，降幅超70%，虽然2021年人数又回升至21.21万人，但总体降幅达46.40%；观光园人均消费呈W形波动变化趋势，2016年观光园人均消费为112.05元，2021年为113.19元，整体而言人均消费呈持平状态。从乡村旅游来看（见图4-6），2016—2020年，门头沟区乡村旅游总收入相对观光园收入来说整体变动比较平稳，从5 669.80万元下降到3 911.30万元，降幅为31.02%。2021年大幅回升，总收入已反超2016年，为5 738.40万元，总体上升1.21个百分点；2016—2020年，乡村旅游接待人次呈逐年下降态势，从85.70万人下降至21.17万人，降幅达75.30%，2021年又小幅回升至27.01万人，总体降幅为68.48%；乡村旅游人均消费支出呈现逐年上升趋势，从2016年的66.16元增加到2021年的212.45元，翻了3倍。

（五）绿色空间进一步扩展，人民生态福祉不断提升

1. 获批"国家森林城市"称号

2022年11月3日，国家林草局将门头沟区纳入拟授予国家森林城市名单。门头沟区以创建国家森林城市为落脚点，着力开展全民义务植树，加大野生动植物和古树名木保护宣传力度，通

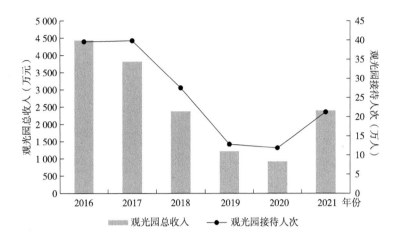

图4-5 2016—2021年门头沟区乡村旅游总收入与接待人次变化趋势

资料来源：北京区域统计年鉴。

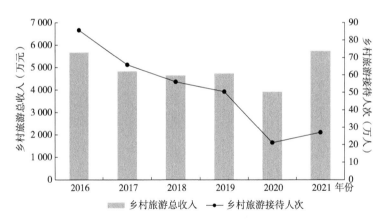

图4-6 2016—2021年门头沟区观光园总收入与接待人次变化趋势

资料来源：北京区域统计年鉴。

过创建古树主题公园、古树保护小区、古树乡村、森林村庄、花园式社区、花园式单位和生态文明教育基地等，弘扬"植绿、护绿、爱绿"生态文明新风尚，营造全民共建共享的"创森"氛围，形成绿色低碳、文明健康的生活方式，人人争做生态文明的践行者、推动者。2022 年，门头沟区绿地面积达 2 194.92 公顷，生态涵养区排名第二；人均公园绿地面积 26.29 平方米，全市排名第三；人均绿地面积 55.87 平方米，生态涵养区排名第一。

2. 市容环境不断优化

对于垃圾分类，门头沟区坚持"日检查、周通报、月考核"机制，持续强化监管力度，创建 179 个市级、区级示范小区村，277 个示范单位，有效提升居民满意度和幸福感，门头沟特色运行模式逐步形成。2022 年，门头沟区家庭厨余垃圾日均分出率稳定在 18%以上，生活垃圾回收利用率达到 37%，生活垃圾相较上年减量 7%，有效促进"两增一减"，提高消纳分解效率。在环境卫生管理方面，机械化作业能力显著提升，"冲、扫、洗、收"组合工艺作业面积达到可机扫面积的 94%以上；淘汰老旧高排放环卫车辆，全区尾气排放标准在国Ⅲ以下（含）的柴油车已全部停驶；环卫作业监督管理进一步加强，建立并完善城市道路尘土残存量检测和考评工作机制，二季度全区道路尘土残存量市级考核结果排名生态涵养区第二。

2016 年以来，门头沟区绿色空间进一步扩展，人民生态福祉得到不断提升。

（1）从城市绿化来看（见图 4-7），2016—2022 年，门头沟区城市绿化覆盖率呈逐年上升趋势，从 43%提高至 50.7%，但增速呈波动变化，其中 2019—2020 年增速最快，为 6.96%，年均增速为 3.35%，人均公园绿地面积在全市排名第三，2021 年人均公园绿地面积为 26.3 平方米。自 2018 年创建森林城市以来,门头沟区不断强化城市绿地建设,新建戒台寺郊野公园、绿海运动公园等 9 个城市公园,使全区城市公园增加到 33 个,公园绿地面积达到 583.18 万平方米,公园绿地 500 米服务半径覆盖率从 2017 年的 88.09% 提高到了 2022 年的 92.85%,居生态涵养区第二;创建国家级生态镇 8 个,市级生态村比例达到 80.3%;建设全区绿色廊道生态景观 54.67 公顷,进一步扩大了群众休憩娱乐绿色空间,成功打造居民 10 分钟半径休闲圈,提升了人民生态福祉。

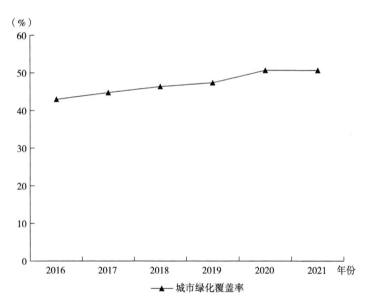

图 4-7 2016—2021 年门头沟区城市绿化覆盖率变化趋势

资料来源:2016—2021 年《门头沟区国民经济和社会发展统计公报》。

(2)从居民饮用水质量来看,2016—2021 年,门头沟区集中式饮用水水源水质达标率一直稳定保持在 100%,饮用水安全得到有效保障。

（3）从生态环境状况指数（EI）来看，2016—2020 年，门头沟区的生态环境状况指数连续五年持续提升，并在 2020 年达到 75.8，突破性实现由"良"创"优"，显著提升了城市宜居水平。

第四章　解决相关难点问题需要
关注的关键环节

破难题要抓关键。解决京津冀生态领域的难点问题要有全局观，重点关注碳汇市场建设、生态补偿常态化机制以及生态产品价值实现的突出问题和关键环节，从完善顶层设计、营造公开透明的市场机制、建立跨区域的社会参与型生态补偿基金等入手，谋划进一步全面实现京津冀生态协同的举措，做到从小切口入手实现大突破。

一、难点一：碳汇市场建设中需要关注的关键环节

（一）围绕公平竞争制定指导区域碳汇市场建设的政策和法规框架

在建设区域碳汇市场中，完善的政策和法规框架发挥着至关重要的作用。首先，要确保市场准入和公平竞争，为所有市场参与者提供清晰的准入标准和平等的竞争环境，预防市场失灵和垄断行为，重点要基于碳排放量以及项目类型定义是否符合碳交易资格，并且防止大型企业通过市场支配力量操纵碳价格或者将碳排放转移到监管较松弛的地区。其次，要提高交易效率和透明

度，通过规范交易和要求信息披露，减少市场的不确定性，增加投资者信心。再次，要以促进投资和技术创新为目的提供稳定的政策环境和激励机制，为研发低碳技术的企业创新碳汇融资方式，鼓励政府与企业联合开展的碳捕捉和封存项目。最后，强化合规性和责任是这些政策和法规的另一个重要功能，通过确立严格的监督和执行机制，确保市场参与者遵守规定，防止欺诈行为，为市场的健康运作提供保障。总的来说，这一系列政策和法规构成了碳汇市场健康发展的基础。

（二）确保碳交易的有效性和公信力并建立与完善透明公正的市场机制

在区域碳汇市场的建设过程中，建立和完善市场机制是至关重要的一步，关键在于创建一个透明和公正的市场环境，以确保碳交易的有效性和公信力。首先，市场的透明度需要通过确保所有相关信息的公开，如碳排放数据、交易价格和交易量，使得所有市场参与者能够在同等信息基础上进行交易。此外，市场的公正性十分重要，这要求制定公平的交易规则，确保无论是大型还是小型企业都在相同的标准下进行交易。至于碳配额的分配系统，它应当基于历史排放数据和行业基准，采用公平合理的原则进行分配，并且包含一个动态调整机制，以反映市场和环境的最新情况。碳信用评价体系则是通过一套标准化的评估体系来评价企业的碳排放和减排效果，并对碳减排效果显著的企业提供额外的激励。同时，还要建立一个易于使用、安全稳定的交易平台，不仅能使所有市场参与者都轻松访问和使用相关数据，还要保障数据安全和系统稳定，预防操纵和欺诈行为。最后，为确保市场机制的有效运行，配套的监督和审计机制不可或缺，包括建立有效的市场监督体系以及定期进行市场审计。这样一个综合性的市场机制，不仅能有效促进碳减排，还能激发市场参与者的积极性，推动低碳技术的创新和应用。

（三）通过激发技术创新活力提高碳汇市场效率，并促进其健康发展

技术支持和创新对于区域碳汇市场建设的重要性不容忽视，它们是推动市场有效运作和实现环境目标的关键因素。首先，技术创新在降低碳排放方面发挥着核心作用，通过开发和应用清洁能源技术，如太阳能、风能等，可以直接减少对化石燃料的依赖，从而减少碳排放。同时，碳捕捉与封存技术（CCS）可以从源头减少温室气体排放，是控制和逆转气候变化的关键技术之一。其次，技术创新还关乎碳汇市场的效率和成本效益。例如，通过提高能源效率的技术（如优化的工业过程、节能的建筑设计和更高效的运输系统），可以在不牺牲经济发展的前提下减少碳排放。此外，随着技术的进步，碳捕捉和存储等方法的成本正在逐步降低，使得这些技术对于更广泛的市场参与者来说更具吸引力。除了直接的碳减排效果，技术支持和创新还提升了市场参与者的活跃度。创新的低碳技术为企业提供新的商业机会，激发市场活力，为碳汇市场带来了新的动力和增长点。同时，这些技术的推广和应用也提高了公众和企业对气候变化和碳减排的认识，有助于形成更广泛的社会支持。因此，技术创新是区域碳汇市场

建设不可或缺的组成部分，它们不仅直接影响碳排放的减少和碳汇效率的提高，还通过提高市场活跃度和成本效益，推动碳减排技术的广泛应用和市场的健康发展。

（四）基于碳汇流转要求参与企业完善财务和投资结构

在区域碳汇市场建设中，财务和投资结构的规划与管理起着决定性的作用。首先，财务和投资结构保证了碳汇项目从策划到实施阶段的资金供给，这对于新技术的研发、大规模基础设施建设以及项目的长期运营至关重要。一个坚实的财务基础能够降低项目在启动和发展初期的经济风险，同时吸引更多的私人投资参与。从政府投资角度看，其不仅直接为碳汇项目提供启动资金，还可通过财政补助、税收优惠和低息贷款等方式减轻项目开发初期的资金压力，政府的这种财政支持对于高风险、高投入的创新型碳汇项目至关重要。同时，政府投资还可以作为风险缓解工具，通过展示政府对碳汇市场的承诺和支持，吸引私人部门的关注和资金。从私人投资角度看，私人资本通常寻求较高的回报率，更倾向于投资于那些具有创新潜力和高效益的项目。在此过程中，有效的市场激励机制（如碳交易市场的建立），不仅可刺激企业的减排行为，也为投资者提供了明确的经济回报路径，进而激发更多私人投资，活跃碳汇市场交易。

（五）通过培育多元化的参与主体为区域碳汇市场的建设创造有利环境

在区域碳汇市场建设中，参与主体的培育和管理是实现市场成功的关键因素。一个多元化的参与体系包括政府、企业、非政府组织以及其他利益相关方，每个主体在碳汇市场中都扮演着独特的角色。首先，政府不仅作为政策制定者和监管者，还应该是引领者和促进者，通过制定合理的政策框架、提供财政支持，以及建立有效的市场机制来引导市场发展，同时还需负责提高公众对碳汇重要性的认识，并激励企业和个人参与碳减排活动。作为市场的直接参与者，企业尤其是那些能源密集型和高碳排放的企业，不仅需遵守政府的排放规定，还应通过采用创新技术和改进管理措施来降低碳排放，积极参与碳交易市场，实现经济效益与环境保护的双重目标。非政府组织在提高公众意识、促进政策变革和监督市场运作方面可发挥重要作用，作为中立的第三方，不仅能够监督市场运作的公平性和透明度，还可以通过各种活动和项目促进政府、企业和公众之间的沟通和合作。为了确保这些多元化的参与主体能够高效协同工作，有效的管理和协调机制至关重要。这包括协调不同参与者之间的利益和目标，以确保市场的整体效益和目标一致性。同时，对所有参与者有必要明确其在市场中的责任和义务，这涉及碳排放的监测、报告、验证责任，以及在碳交易中的行为规范。通过培育多元化的参与主体，并有效管理和协调它们的利益和责任，可以为区域碳汇市场的建设创造一个有利的环境。这样的参与体系，不仅能够带来更广泛的视角和资源，还可增强市场的创新能力和适应性，推动碳汇市场向更加高效和可持续的方向发展。

二、难点二：生态补偿常态化机制建设中需要关注的关键环节

（一）政府公共财政支出补偿方式

在政府主导型生态补偿模式当中，政府作为中间协调者，可为生态产品供给者与生态产品需求者之间进行议价提供平台，并出面完成购买生态产品的任务，同时对生态服务供给者的正外部性实施补偿。首先，政府可以通过投资支持生态系统的修复和保护项目，如湿地恢复、森林保护和水源地保护等。其次，政府可以投入资金用于环境基础设施建设，如污水处理厂、垃圾处理设施和环境监测系统，以改善环境质量和减少对生态系统的损害。另外，政府还可以建立生态补偿基金，从经济活动中收取生态补偿金，用于补偿经济活动对生态环境造成的损害，并开展生态修复、环境改善和生态保护。生态税收政策也是一种作用方式，通过对污染物排放和能源消耗高的行业征收税费，引导企业和个人更加注重环境保护。此外，政府可以与相关利益方签订生态补偿协议和契约，约定对生态环境造成损害的行为需进行经济补偿。

（二）建立政府引导下的市场化交易补偿方式

在市场主导型生态补偿模式中，通过"市场之手"合理划分生态资源产权，并以产权分配为基础进行市场化交易，最终形成

外部性最优化的"最优解"。生态补偿资金来源方面，政府主导型模式下的生态补偿资金渠道为财政拨款，以及政府征收的各项税费。市场主导型模式下的资金来源渠道包括政府、非政府组织、企业及个人。目前，商业规划、碳汇及碳交易、生态旅游、生态产品认证体系以及生态补偿基金等已经成为国外生态补偿的主要市场化手段。从全球范围来看，现有的环境基金可划分为三类，即捐赠基金、偿债基金和周转性基金。从资金的管理主体来看，在政府主导型模式下，生态补偿资金主要由政府相关部门进行管理和调配。在市场主导型模式下，生态补偿基金由管理机构委托银行、基金等专业金融机构参与管理及运作。

（三）建立跨区域的社会参与型生态补偿基金

建立跨区域生态补偿基金是促进区域生态协同发展的重要举措，可以促进各区域间的生态合作和共赢，推动生态保护和可持续发展。跨区域生态补偿基金可以采取政府引导、社会投资等多种形式。政府引导型的基金可以由中央和地方政府共同出资设立，主要面向各地区政府、生态企业、公益组织等单位，用于支持生态保护和生态建设等相关项目。社会投资型的基金则可以吸引社会资本参与，主要面向广大投资者和社会公众，用于支持生态环境和生态资源的保护和管理。建立跨区域生态补偿基金可以采取政策引导、财政扶持、税收优惠等多种路径。政策引导方面，可以通过制定生态补偿政策、推动相关法律法规的出台等，引导各方主体参与跨区域生态补偿基金的设立和发展。财政扶持方面，可以提供补贴、奖励、贷款等，支持跨区域生态补偿基金的设立和发展。税收优惠方面，可以给予税收减免、免税等优惠政策，吸引社会资本参与跨区域生态补偿基金的投资。建立跨区域生态补偿基金可以采取多种方法，包括设立专项基金、建立生态产业基金、开展生态财富创新等。设立专项基金可以针对具体的生态保护和生态建设项目，集中资金和资源，加强投入和管理。建立生态产业基金，可以支持和引导各地开展生态产业和生态经济的发展，推动经济与生态的协同发展。开展生态财富创新，可以挖掘和开发生态资源的新价值，推动生态保护和可持续发展的深度融合。

（四）开展技术援助

技术补偿指的是通过提供技术支持、技术服务或技术培训等方式来弥补生态系统管理者在生态保护和恢复中所面临的技术难题或技术瓶颈。技术援助的目的是提高生态系统管理者或者生态服务提供者的技术能力和水平，从而更好地实施生态保护和恢复工作。首先是为生态系统管理者提供技术咨询、技术指导和技术支持等服务，帮助他们更好地实施生态保护和恢复工作。同时，为生态系统管理者提供技术服务，如生态系统评估、生态修复、环境监测等服务，提高他们的技术水平和工作效率。其次是为生态系统管理者提供专业的技术培训和教育，如生态修复技术、环境监测技术、生态系统管理等方面的培训，提高他们的技能和能力。最后是为生态系统管理者提供技术创新支持，如新型生态修复技术、生态系统管理软件、生态监测设备等方面的支持，推动生态保护和恢复技术的不断创新。技术援助的方式和内容应根据不同的生态保护和恢复项目而有所不同。例如，对于生态修复项目，技术援助可以提供土地改良、种植技术、植物保护等方面的技术支持；对于水土保持项目，技术援助可以提供水土保持、防沙治沙等方面的技术服务；对于生态旅游项目，技术援助可以提供生态旅游规划、景区设计等方面的技术培训。

（五）推行异地开发模式

推行异地开发模式是指生态补偿政策实施方将生态保护和恢复的责任和义务交给其他地区的生态系统管理者或者生态服务提供者，以实现生态补偿政策的跨地区实施。异地开发模式的目的是通过集中人力、物力和财力等资源来实现更有效的生态保护和恢复。在异地开发模式中，生态补偿政策实施方通常会与异地生态系统管理者或者生态服务提供者签订合作协议，明确双方的责任和义务，并提供相应的技术援助和财政支持等。同时，为了确保异地开发模式的顺利实施，生态补偿政策实施方还需要加强对异地生态系统管理者或者生态服务提供者的监督和评估，确保生态保护和恢复工作的质量和效果。在生态补偿中，技术补偿和异地开发模式都是非常重要的补偿方式，可以促进生态保护和恢复工作的有效实施。技术补偿通过提供技术支持和服务，帮助生态系统管理者或者生态服务提供者提高技术能力和水平，从而更好地实施生态保护和恢复工作。对于一些存在技术难题和技术瓶颈比较突出的生态保护和恢复项目来说，这可以起到非常重要的作用。此外，技术补偿还可以将先进的生态保护和恢复技术推广到更广泛的范围，促进生态保护和恢复工作的普及和推广。异地开发模式通过将生态保护和恢复的责任和义务交给其他地区的生态系统管理者或者生态服务提供者，实现生态补偿政策的跨地区实施，有助于集中人力、物力和财力等资源，实现更有效的生态保护和恢复。但是，异地开发模式也面临着一些挑战，不同地区的生态系统差异性较大，不同地区的生态系统管理者或者生态服务提供者的能力和水平也可能不同，需要政策实施方加强对异地生态系统管理者或者生态服务提供者的监督和评估，以确保生态保护和恢复工作的质量和效果。

三、难点三：生态产品价值实现中需要关注的关键环节

根据生态产品的公益性程度，生态产品价值实现路径可以分为政府路径、市场路径、政府和市场相结合路径三类。其中，对于产权难以明晰的公共性生态产品，如清新空气、干净水源、宜人气候等，由于其生产、消费与收益的关系难以明确，因此主要采取政府路径实现生态产品价值。对于产权明确、能够直接进行市场交易的生态农产品、旅游产品等经营性生态产品，其生态产品价值的实现主要依靠市场路径。对于碳排放权、排污权、生态积分等具有公共物品属性的准公共性生态产品，能够通过法律法规或政府管制等方式有效创造市场交易需求，此类生态产品通常

采取政府和市场相结合的路径来实现其价值。

与上述生态产品价值实现路径相对应，生态产品价值实现模式主要包括生态资源指标和产权交易、生态治理和价值提升、生态产业化经营以及生态补偿四类。

（一）推进生态资源指标和产权交易

生态资源指标和产权交易模式是一种以自然资源产权交易和政府管控下的指标限额交易为核心，政府主导与市场推动相结合的生态产品价值实现模式。该模式主要针对具有非排他性、非竞争性以及难以确定受益主体的生态产品，其中政府主要进行管控或产量限制，为生态产品创造交易需求并鼓励利益相关方进行交易，如集体林权制度改革、碳排放权交易试点、生态账户等方式。

（二）促进生态治理和价值提升

该模式主要通过生态修复、系统治理、综合开发等方式以及对国土空间布局优化、土地用途调整等政策措施的利用，在恢复自然生态系统被破坏或生态功能缺失地区自然生态系统功能的同时，发展接续产业，增加生态产品供给，提升生态产品价值，实现生态产品价值"外溢"，如生态治理湿地公园、矿坑生态修复和后续产业建设等方式。

（三）实现生态产业化经营

该模式是一种将生态产品价值附加在农产品、工业品以及服务产品等可以直接进行市场交易的商品或服务之中，通过市场化来实现生态产品可持续经营开发的一种生态产品价值实现模式。生态产业化经营能够有效利用国土空间规划、建设用地供应、产业用地政策以及绿色标识等政策工具，促进生态优势与资源优势融合，加速区域生态产业化与产业生态化，如生态旅游、绿色产业、民宿以及红色教育培训等。

（四）完善生态补偿机制

区域生态补偿以"谁受益、谁补偿，谁保护、谁受偿"为基本原则，通过政府主导，由生态受益地区向生态保护地区提供资金补偿、购买生态产品、实施园区共建、扶持产业发展，在实现生态产品价值的同时促进区域生态可持续发展。通过该模式探索出的生态产品价值核算方法，能够统一计量自然生态系统为人类提供的各类服务和贡献，并将结果用于各区域之间的生态补偿，从而促进"生态优先、绿色发展"的内在动力，如自然资源调查与确权、生态产品价值计量以及政府补贴等。

第五章　典型案例分析与经验借鉴

他山之石，可以攻玉。为积极探索解决京津冀生态领域相关难点问题的有效路径，有必要学习借鉴国内外先进经验、结合京津冀实际情况，将其转化为推动京津冀生态协同发展的强大动力和实际成效。

一、区域碳汇市场建设的典型案例分析与经验借鉴

区域碳汇市场建设在推动京津冀生态建设方面发挥着举足轻重的作用。区域碳汇市场能有效促进碳减排和气候变化应对，为京津冀地区的可持续发展铺平道路。同时，它能起到保护生态环境和生物多样性的作用，提高生态系统的稳定性和韧性，从而助推生态经济蓬勃发展，提升生态文明水平，为京津冀地区注入新的发展动力。更关键的是，它还能够推动京津冀地区的区域合作和协调发展，促进经济一体化和资源共享，为实现未来京津冀地区绿色、创新、可持续的发展提供关键支持。就目前来看，京津冀地区建设区域碳汇市场面临着法律法规不健全、碳配额分配机制不够明确、跨区域合作深度不够和参与主体较为单一等多方面

的难点和挑战。因此，本部分以更好地建设京津冀区域碳汇市场为目标，在参考澳大利亚新南威尔士州温室气体减排体系、欧盟排放交易体系以及美加西部气候倡议碳交易市场等国际碳汇市场，上海等国内碳汇市场典型经验与模式的基础上，寻找他山之石，为京津冀地区的区域碳汇市场建设和生态建设寻找新的着力点。

（一）顶层设计方面：构筑规范的法律法规体系

区域碳汇市场建设需要一套有针对性的法律体系作为支撑，建立完整规范的法律体系可以增强政策的强制性和约束力，这是区域碳汇市场建设的必然要求。京津冀地区在进行跨区域碳交易，推动实现碳达峰、碳中和目标愿景的过程中，难免会涉及多领域、多部门、多行业主体的利益。利益的冲突与协调等均需要法律规制作用的发挥，以明确权责关系，厘清权利边界。同时，环保、低碳、绿色是京津冀协同发展的必然趋势，需要做好顶层设计，并通过法治建立起应对气候变化的长效机制。无论是采取更严厉的碳减排措施，还是建设完善碳市场机制，无论是增加碳汇的措施，还是借助技术革新和金融支持等，法律法规在规范相关行为主体行为方面的作用至关重要。运用法治手段推进碳达峰、碳中和是国际社会的普遍做法。目前，全球已有不少国家和区域通过颁布相对完善且有针对性的法律的措施来为实现碳中和提供法律保障。

澳大利亚早在 2003 年就实行了碳排放权交易，新南威尔士州开展了为期十年的温室气体减排计划，之后形成的新南威尔士州温室气体减排体系成为全球最早强制实行的减排计划之一。为加强碳排放交易的法律保障，澳大利亚陆续出台了《碳污染减排日程法案》等法律。2011 年，澳大利亚聚焦农业领域出台了《碳信用（碳农业倡议）法案》，明确提出碳补偿项目所包含的范围、方法学和运行机制，为农业领域劳动者减少碳排放提供经济激励。2014 年、2019 年又分别在此基础上建立减排基金和气候解决方案基金，并针对牧场和耕地设立了土壤碳项目。美国也是充分发挥碳汇市场法律法规作用的国家。2000 年以前，美国为引导农民开展保护性耕作，相继出台了《农村发展法》《美国食品安全现代化法案》《农场法》等法律，为碳汇工作的实施创造了法律条件。此后又针对碳封存、气候、低碳经济和清洁能源等颁布相应的法律法规，顶层设计不断完善。相对完善的法律法规为澳大利亚和美国碳汇市场交易的开展创造了先决条件。

近年来，京津冀高度重视碳达峰、碳中和工作，三地相继颁布了《河北省碳达峰实施方案》《天津市碳达峰实施方案》《北京市碳达峰实施方案》等，且三地都有了与碳排放交易相关的挂牌机构，但相关规范大多以中央部门规章、地方法规和政府规章为主，碳排放权交易立法不健全。从京津冀协同发展视角来看，三地并未出台针对京津冀三地区域碳汇市场协同发展的政策或法律法规，诸如建设区域碳汇市场等有益于碳达峰、碳中和工作的引导性措施的相关表述较少，于 2023 年 6 月出台的《2023—2024 年京津冀生态环境联合联动执法工作方案》中未提及有关碳排放或区域碳汇市场建设的内容，三地在降碳与建设区域碳汇市场方面未实现有效协同，碳达峰、碳中和工作纵深合作不够，顶层设计有待完善。美国、澳大利亚为确保碳交易市场的稳定与长期发展，制定了层次较高的综合性法律及系统性的配套法规、实施细则等，有效推动了其相关交易的规范运行。为此，京津冀三地应结合自身发展现状和未来目标定位，科学合理地借鉴美国和澳大利亚相关的立法技术和规则，有针对性地将各种规章、制度以法律法规的形式确定下来，使其具有强制的法律效力，为三地区域碳汇市场的建设提供可靠的法律保障。

（二）配额分配方面：制定合理的配额分配方式

在碳汇市场交易中，总量确定与配额分配共同构成一级市场。一级市场根据总量控制目标按照一定的方法计算和转化得出相应的排放配额，而配额产生后如何分配则是区域碳汇市场建设的重要内容。配额分配方案的制定直接牵涉各级政府和企业主体的切身利益，直接影响碳排放交易制度的实施效果，对碳汇交易市场发展、资源配置效率和多元主体公平竞争有着至关重要的作用。在京津冀协同发展背景下，由于发展水平差异、发展定位差异、地区差异、行业差异和企业差异的客观存在，京津冀地区建设区域碳汇市场时必须要考虑如何确定京津冀三地的配额分配比例，怎样建立碳配额流通机制来实现碳配额跨区流动。配额分配要综合考虑现有排放企业以及未来可能排放的企业的具体需求，当前较为主流的配额分配方式主要有免费分配和有偿分配两种。

免费分配主要是碳市场构建初期出于推行便利度等考虑所采用的分配方式，包括祖父法及基准线法。随着碳汇市场的成熟，有偿分配逐渐成为分配方式的主流，其中，拍卖是最常见的方式。有偿分配能够进一步激励企业进行减排，而拍卖作为透明度好、效率高的分配方式，已经成为常见的有偿分配手段。免费分配和有偿分配混合运用是全球的普遍做法，如欧盟排放交易体系、上海排放交易体系等。

欧盟的碳交易市场总体规模排名全球第一，也是全球规模最大、运行时间最长的碳市场。2003 年 10 月，欧盟议会通过排放交易指令，欧盟排放交易体系得以建立并于 2005 年 1 月 1 日正式实施。欧盟排放交易体系共分为四个阶段实施，每个阶段都制定了相适应的配额分配方式。在第一阶段（2005—2007 年），排放配额均免费分配，具体的配额分配方法为祖父法，每年剩余的排放配额可以用于下一年度的交易，但不能进入第二阶段。在第二阶段（2008—2012 年），排放配额仍是以免费分配为主，但首次引入排放配额有偿分配机制，拍卖分配额度为 10%，具体的配额分配方法为祖父法与基准法混合运用。在该阶段，欧盟还引入了《京都议定书》中的清洁发展、联合履约机制。在第三阶段（2013—2020 年）和第四阶段（2021—2030 年），有偿分配额度增加至 57%，具体的配额分配方法依旧是祖父法与基准法混合运用。通过对欧盟排放交易体系各阶段配额分配方式的梳理，可以为京津冀地区提供一定的经验借鉴。从我国经验来看，短期基本免费、长期有偿分配是大多数碳交易试点所采用的方式。以上海为例，我国"十二五"规划提出，要对上海能源消费进行总量控制，对煤炭消费控制要求更加严格。在此约束条件下，上海只能采取节能降耗的发展方式，因此才有了上海碳交易市场的建立。为了政府能够有效调控市场，上海碳交易市场采用免费分配和7%拍卖分配混合运用的分配方式，并根据企业类型不同，采取不同的配额分配方法：发电企业、电网企业和供热企业采用基准线法；工业企业、航空港口及水运企业、自来水生产企业采用历史强度法；商场、机场等建筑以及产品复杂的工业企业采用历史排放法。

北京和天津都采用了免费分配的配额分配方式，具体方法有所不同：北京采用祖父法与基准法混合运用，天津采用单一的祖父法。借鉴欧盟和上海的经验，京津冀地区可以采取从试点带动到区域协同的发展路径，北京和天津要逐渐进入从免费分配到免费分配和有偿分配混合运用的阶段，在充分考虑政府如何更好地进行市场调控和是否针对具体行业分配初始碳配额的前提下，把握好有偿分配的比例，并尽可能地统一京津冀三地的标准，兼具公平性、效率性、可持续性和可操作性，共同制定合理的配额分配方式。与此同时，要尝试开展京津冀三地碳配额的跨区流动，突破碳汇市场的流通配额必须来自本地的限制，加强河北与京津两市的碳配额流通，从而逐步建立起京津冀三地的碳配额流通机制。

（三）参与主体方面：引入多元主体参与市场体系

多元主体参与是碳交易市场中二级市场的重要组成部分。更多的买家和卖家参与碳汇市场交易，有助于确保市场中碳资产的充足供应和需求，增加碳汇市场的交易活动和流动性。多元参与意味着包括政府、企业、个人和金融机构在内的不同的利益相关方，通过不同观点和需求的碰撞，充分发挥碳汇市场的价格发现功能，有助于形成公正、透明的价格，促进碳汇市场的公平性。而且交易对手的增加使得交易的可选择性提高，依靠市场机制能够有效降低交易费用和成本。通过吸引不同类型的主体参与，碳汇交易市场能够更好地推动碳达峰、碳中和工作。国际上较为成熟的碳交易市场的参与主体都不是单一化的，而是多元主体参与，参与主体类别越丰富，碳汇市场稳定性越强。

欧盟碳排放交易体系正处于发展的第四个阶段，众多的交易场所经过多次并购与整合发展成为五个主要的碳交易平台，其数量领先于全球其他国家和地区。完备的交易平台成为欧盟碳市场的重要载体，五大碳交易平台错位发展、优势互补，使欧盟的碳交易额和交易量保持全球领先。除了碳交易平台这一参与主体，其他机构、个人的参与也带动了全社会资本支持碳市场，很大程度上打破了欧盟成员国之间的政治隔阂与经济壁垒，多元化的投资主体从融资与投资两端助推碳市场发展，使欧盟的碳市场产生持续的市场热度。美加西部气候倡议碳交易市场是跨界型的洲际碳市场，由美国加州等西部七个州和加拿大中西部四个省于2007年签订成立，每3年为一个履约期，其发展模式及经验对同样跨行政区建设区域碳汇市场的京津冀地区具有重要启示意义。美加西部气候倡议碳交易市场建立了包括多个行业在内的综合性碳市场，并采取逐步扩大碳排放交易体系的策略，引导多个行业进入碳市场，主要措施为增加行业覆盖范围和增加交易气体种类，迄今已经扩大至几乎所有经济部门，交易气体种类已经扩大至六种。2020年美加西部气候倡议碳交易市场交易额达243.3亿欧元，交易量为17.4亿万吨二氧化碳。其发展迅速的核心原因在于多个行业主体进入碳交易市场，促进了碳交易市场的繁荣。此外，社会资本作为重要的参与主体之一，由华尔街的摩根士丹利、高盛等金融和投资机构成立的气候风险投资者网络，主要针对投资碳市场的风险进行研究，总资产已经达到了8万亿美元，可见社会资本的参与能够为碳交易市场繁荣发展提供充足的资金和专业支撑。

从我国碳交易试点发展现状来看，不同地区交易所对可参与交易的主体有不同的规定，仅有广州、湖北、重庆、福建允许个人开户进行交易，北京和天津仅允许控排企业及投资机构开户并参与交易。借鉴欧盟碳排放交易体系和美加西部气候倡议碳交易市场的经验，京津冀区域碳汇市场建设需要凝聚多元主体合力，通过政府、市场和社会加强合作，建立相应的培训、激励、资金支持和监管机制，推动更多企业、个人、金融机构、行业主体和社会资本等其他有参与意愿的市场主体参与碳交易，有效提升碳汇市场活跃度。同时，碳交易业务专业性强、交易规则严格、程序复杂，京津冀地区尚未形成从事碳交易的专业人才队伍。因此，政府还要与高校、科研院所加强合作，加大碳交易人才的培养力度，建立专业人才库来支撑京津冀区域碳汇市场的建设。

二、生态补偿常态化机制建设的典型案例分析与经验借鉴

(一) 国外生态补偿的典型案例

国外生态补偿主要以生态系统服务付费为主，其公平的核算标准、完善的法律制度保障、以市场机制调节各方利益、多元化的资金筹集方式以及公众参与制度值得借鉴。

1. 德国流域生态补偿的典型案例

德国在生态补偿问题上采用洲际横向转移支付制度，并且提供法律制度的规范与保障，能够有效确保生态补偿价值核算标准的公平性和补偿资金来源的充足性。这一制度的实施可为京津冀三地生态协同发展中的生态补偿机制建设提供经验借鉴。一是流域间的横向转移支付能有效调整上下游区域既得利益格局，促进区域间提供的公共服务水平的均衡，补偿标准的合理性和公平性能够体现生态补偿的公平合理。从德国的资金来源来看，一方面，由各州拿出增值税的 25% 用于生态环境治理；另一方面，由下游经济富裕地区根据公平的生态补偿核算标准对上游因生态保护造成的经济发展受限致贫地区给予资金补偿。二是德国的横向财政转移支付制度，既维护了流域地区经济社会稳定，又推动了经济与生态的协调发展。目前，德国更进一步与周边国家之间开展流域综合治理工作，推动流域整体性保护进程。

2. 美国流域生态补偿的典型案例

纽约市政府对上游水源地的农民和森林所有者提供生态补偿金,以弥补其转为对水资源污染程度更小的生产方式所需要的转变成本。同时,对改进或是重建污水处理厂的生产企业和个人给予生态补偿,提高污水治理工作的社会参与度。这一做法可为京津冀三地生态协同发展中的生态补偿机制建设提供经验借鉴。纽约市与特拉华州之间的清洁供水交易是美国在生态补偿方面的典型代表。为保证饮用水的水质标准,1989 年美国颁布法律强制规定地表城市供水必须建立净化设施,促使水质达到限定标准。法律颁布之后,美国各州开始着手过滤厂的建设。纽约市为规避70 亿~90 亿美元过滤厂的建设费用,决定从污水治理和水源地水质改善两方面着手:一是纽约市引导环保相关主体积极参与到水源地保护工作中,并使用充足的补偿资金弥补各参与方的生态保护成本,积极推动水源环境的改善。二是通过生态补偿协议在公平公正的基础上协商确定各方主体的环保责任、制定合理公平的生态补偿标准。对于生态补偿资金来源方面,利用多方面的资金筹集渠道充分保障补偿资金的充足,包括发行政府债券、设立信托基金等金融市场渠道,征收水源附加费等政府税收渠道。使用筹措的补偿资金鼓励上游水源地采用更加清洁环保的生产方式,从而使水域水质满足上下游地区的生产生活需求。

(二) 国内生态补偿的典型案例

国内在生态补偿方面也有很多值得借鉴的成熟经验,如新安江流域的跨行政区域的生态补偿模式可为京津冀三地生态协同发展提供有益的经验借鉴。

1. 中央部委纵向引导下的浙皖积极探索生态补偿模式

2012 年以来，新安江流域生态补偿机制试点不断推进，至今已完成三轮试点。首轮为 2012—2014 年，上游的安徽省黄山市通过编制实施产业准入负面清单、严格审批流程、淘汰高排放高能耗产业、加快产业转型，累计关停淘汰污染企业 220 余家、整体搬迁 110 余家、拒绝污染项目 190 多个、优化升级项目 510 多个，以源头整顿提高水质，摆脱了先污染后治理的老路。第二轮为 2015—2017 年，浙皖两省就改善水体质量和增加补贴资金的内容达成一致，重点推动新安江流域生态保护从末端治理向源头保护转变，从项目推动向制度保护转变，从生态资源向生态资本转变。第三轮为 2018—2020 年，中央财政资金退出，浙皖两省每年各出资 2 亿元设立补偿基金，进一步提升水质考核标准，探索基于货币补偿的多元化、社会化、长期补偿方式，逐步扩大补偿资金的使用范围。

2. 深化流域内各市区县之间补偿机制

试点工作启动以来，在国家有关部委大力支持下，皖浙两省高位推动、系统联动、区域互动，联合编制《新安江流域水生态环境共同保护规划》等制度文件，建立起新安江流域上下游互访协商机制。浙江省财政厅联合其他三部门出台了《关于建立省内流域上下游横向生态保护补偿机制的实施意见》，重点在原有生态环保财政转移支付制度基础上，探索省内流域上下游县（市、区）之间的横向协商补偿机制，2020 年省内流域上下游县（市、区）之间的横向生态补偿机制基本建成。安徽省黄山市从重要生态环境要素、重点生态功能区、生态保护主体等方面出发，积极探索全面多样的纵向补偿体系。在重要生态环境要素方面，不断提高国家级和省级公益林生态补偿标准，将其纳入新安江生态补偿资金开展常态化补偿，对全市集体和个人所有的 456 万亩国家级、省级集体公益林每年安排公益林提标补助 456 万元。在重点生态功能区方面，黄山市七个区县中有五个是国家重点生态功能区，重点生态功能区面积占全市国土面积的 90% 以上，每年可获重点生态功能区转移支付资金 4 亿元左右。

3. 联合推动流域区县及时签订补偿协议

为了顺利落实省内流域上下游横向生态补偿机制，浙江省财政厅和环保厅共同协调推进。各省内流域途径的市和区陆续签订了补偿协议，其中浦阳江和钱塘江流经地区是先行示范案例。具体来看，开化县和常山县的生态补偿协议签订成为县内流域横向生态补偿合作的先行示范。截至 2020 年底，已有 28 个区县签订了生态补偿协议，超过了总数的一半，省内主要水系统流经区域达成生态补偿协议的区县数量也在不断增加。

4. 因地制宜地制定多元化补偿标准，保障其生态补偿的科学性和可操作性

浙江省衢州市结合自身特点，创新性地引入了总量指标和能效指标，流域上下游政府可自主协商，确定高锰酸盐、氨氮、总氮、总磷的权重，进而计算水质补偿指数（P）。在水量和水效指

标中，基于各级行政区划定的（生产和生活）用水总量、市每年的万元 GDP 耗水量、万元工业增加值用水量指标计算水量水效补偿指数（Q）。设置新的指数权重，水质补偿指数（P）和水量水效补偿指数（Q）权重分别占 0.7 和 0.3。若最终的综合指数低于1，则下游区县拨付给上游区县 800 万元。若综合指数高于 1 或是发生重大的水安全事故，则由上游区县赔付相同金额给下游区县。

三、生态产品价值实现的典型案例分析与经验借鉴

国内外其他地区在打通"绿水青山就是金山银山"转换通道方面进行了有益尝试，形成了一批可复制、可推广的生态产品价值实现的经验，具体包括加快探索建立生态产品价值实现的机制以及促进跨区域联动发展。

（一）生态权益方面：加大绿色金融支持力度

生态产品生产和价值实现的重要方式之一是绿色金融支持，绿色金融是指针对绿色环保项目运营管理等提供的金融服务，主要包括绿色信贷、债券、发展基金、保险等金融工具。但目前该方式依旧存在产权抵押较困难以及收益难变现等问题。为改善这一困境，国内创新地尝试了一系列生态资本通过相关经济活动进而实现生态产品价值增值的收益模式。具体有："森林生态银行"模式、"项目贷款+生态资产权益质押"信贷模式、"生态抵押+

绿色担保"模式以及风险补偿担保金的"科特贷"等方式,发现了更多将生态资源优势转化为经济发展优势的生态产品价值实现途径。同时也为京津冀绿色金融支持生态产品价值的实现提供了经验。

福建省南平市2018年创新性地借鉴了商业银行的模型建立了"森林生态银行"这一集生态资源开发、运营与管理为一体的可持续经营平台,主要通过租赁、转让以及合作入股等方式将分散的生态资源融合,形成集中的高质量"资产包",然后引入社会资本和专业运营商进行具体的管理,以此顺利完成生态资源变生态资产、生态资产变生态资本的过程,从而提高了资源价值和生态产品的供给能力,有效促进了生态产品价值向经济发展优势的转化。除了"森林生态银行",福建省还建立了武夷山的"五夫镇文旅生态银行"以及延平巨口乡的"古厝生态银行"等。生态银行主要是在政府的主导之下,由农户参与、以市场化的方式运作的平台,它的成功实践为生态产品价值实现提供了一个可推广的范例。但需要注意的是,我国各地区的自然生态资源和自然环境存在较大的差异,因此具体的实践不可能完全复制。聚焦京津冀,跨区域生态产品价值实现更是存在如何协同的问题,在借鉴"生态银行"相关经验时,应注意问题导向和与地方特色资源禀赋的有效结合。

福建省三明市为推动林业领域金融创新,推出了林权按揭贷和"福林贷"等普惠林业金融产品,通过组织成立林业专业合作社,以林权内部流转的方式解决了贷款抵押难题,全市抵押金额

77.3亿元，累计发放各类林业信贷172.25亿元，贷款余额27.6亿元，占福建省贷款总余额一半以上。"科特贷"的产生也使得当地葡萄"晴王"等符合转型升级条件的高端品种以及白木耳仿生态厂房建设等技术项目取得突破，促进了科技成果和生态产品价值高效转化。浙江省丽水市"林权IC卡"（包括勘界调查、评估建库、制卡授信三个关键环节）采用"信用+林权抵押"的模式满足了农户的贷款需求，走出了一条促进农户积极创业改革和农林金融改革互相影响与推动的成功之路。

（二）生态保护补偿方面：完善生态保护补偿机制

国内外生态补偿机制在方式上大体一致，主要包括横向与纵向的生态补偿、中央财政支持的生态建设工程以及个人补助。但是，具体的补偿金额依据以及核算指标并不相同。我国浙江省和安徽省的跨区域"新安江模式"、德国的生态账户体系都为京津冀生态补偿机制建设提供了有益的参考。

我国目前在生态补偿机制方面已经初步形成了符合国情的多元化补偿机制，相关政策已经覆盖草原、森林、海洋、耕地等重要生态领域，同时跨区域补偿试点示范也取得了一定的进展。我国实行纵横结合的综合生态补偿机制，其中针对重点生态功能区域的财政转移支付以及天然林保护工程等是纵向生态补偿。流域上下游跨区域的补偿属于横向生态补偿，我国首个跨省流域生态补偿机制是浙江省和安徽省开展的上下游横向补偿，具体方式是以跨省断面水质达标情况作为"对赌"条件，确定补偿资金的分配比例。湖北省鄂州市采取的有效措施是将自然生态资源统一计量为无差别的货币单位，随后依据计量的结果确定各区之间的生态补偿的具体份额。国外生态补偿方式与中国大体相同，为激发地方政府保护生态的积极性，芬兰和瑞典的森林生态补偿项目的核心是通过建立指标体系评估生物多样性的价值，并据此确定生态补偿金额。德国是较早实行生态补偿制度的国家，且首次在法律层面确立了生态补偿制度。其中，利用以可交易的生态积分来衡量的生态账户体系是一种典型方式，其实质是对生态系统服务的价值核算。该方法有利于改善生态环境，有效促使市场力量参与到生态产品的供给中，并形成了"保护者受益、使用者付费、破坏者赔偿"的利益导向，为建立可持续的生态产品价值实现机制创造了必要的条件。

（三）生态产业方面：丰富生态产业开发的模式

生态产业的开发模式主要包括经营性生态产品的供给服务与发展文化旅游业。自然生态资源是生态产品的重要来源，而自然生态资源又充分依托各地区自然生态环境，因此对自然生态资源进行开发利用的前提是需要通过相应的立法形式对生态环境进行保护和恢复，在保护与恢复的同时通过生态产业开发将自然生态资源转化为经济发展的动力，这是生态产品价值实现的途径之一。

广西北海市政府充分认识到了当地冯家江的生态产品价值，并制定了一系列支持生态修复、污染治理的相关政策，具体做法是在尊重自然的大前提下，选择不破坏当地生态的植物建设常规的公园，最终实现了冯家江流域的生态修复。具体的修复工作完成之后，冯家江后续也提供了相应的旅游服务，"生态+旅游"的模式已成为广西当地生态资源产品价值实现的方法之一。如此一来，通过修复与保护自然环境进而增加旅游价值，利用旅游价值提高当地收入与就业率，形成了一个良好的生态产品循环案例。海南省儋州市通过科学开展生态修复和治理、因地制宜建设旅游景区，将曾经遭受重创的莲花山顺利打造成为山清水秀的"全国第二批森林康养示范基地"，实现了从生态环境修复到文旅产业集聚以及区域绿色发展的转型。在可持续供给生态产品方面，瑞典林业一直是领先于世界的，瑞典《森林法》确立了木材生产和环境保护两大立法目标，其森林经理计划旨在确保采伐量低于森林的生长量，以促进森林工业与营林业的互惠发展，从而将该地打造成为欧洲最大的木材生产基地。浙江省丽水市作为"绿水青山就是金山银山"理念的发源地，一直以来都注重生态环境与经济发展的平衡，多年来通过培育公用农业品牌"丽水山耕"，成功提升了丽水经营性生态产品的溢价率。

（四）资源产权流转方面：加快明确自然生态资源的产权属性

自然生态资源是生态产品的生产载体，只有自然生态资源的产权明确，生态产品才能满足市场交易的具体要求，即有明确的产权属性和价格体系。如此，生态资源便可通过产权流转，作为生产要素投入经济生产活动中，以实现生态产品价值增值。

福建省三明市规范林权类不动产登记，制定林权流转管理、合同管理、承包经营纠纷调处、林权收储等制度，有效促进林地经营权的流转。在经过 20 余年集体林权制度改革的努力后，三明市顺利完成了明晰产权的任务，增强了村民与林业经营主体等开展生态保护的积极性，全市林权交易得到蓬勃发展，共流转林权 5 738 起，提高了森林生态产品供给能力和价值实现水平。安徽省黄山市依托江南林业产权交易所积极将自然资源转化为优质的自然资源资产包，进而开展林权、农房使用权等产权交易 7 700 多宗，推进了生态产品资源方与投资方的高效对接。美国马里兰州爱生基金会在 2005 年购买了马福德农场，明确了对马福德农场土地的所有权，为在农场采取生态修复措施、参与土地休耕增强计划、开展湿地和水质信用交易、创造更加经济可行的市场运营模式等提供了基础条件。

（五）区域协同方面：协同建立生态产品价值实现机制

生态产品价值实现的区域协同是实现重点生态功能区主体功能定位切实可行的一种模式，其具体作用机理是在拥有丰富自然资源与生态环境得到改善的经济相对发达区域间建立多元互补合作机制，这可以有效地发挥各地区的优势并破解公共性生态产品市场失灵的问题。例如，四川省阿坝州和成都市联手创建了成阿工业园，充分利用了阿坝州、成都市在政策、科技与经济等方面的优势，集中力量发展节能环保与电子设备等产业，最终实现了阿坝州与成都市生态和经济效益双赢的发展局面。时至今日，长三角生态绿色一体化发展示范区以及粤北山区的建立都可为京津冀生态产品价值的实现提供一定的经验。

2022年9月印发的《长三角生态绿色一体化发展示范区建立健全生态产品价值实现机制实施方案》意在打造一个跨区域生态产品价值实现的标杆项目，该示范区包括上海市青浦区、江苏省苏州市吴江区以及浙江省嘉善县。实施方案的目标包括打造生态产品价值核算的典型以及2025年基本构建跨域一体的生态产品价值实现制度框架等。在具体的实施上分为制度和项目层面：制度层面主要是在区域范围内协同推进生态资源确权，共建统一的生态产品价值核算标准、生态资源交易平台以及区域内文化旅游项目，最终打造一体化品牌生态圈；项目方面，充分利用各方资源、通力合作培育区域生态产品价值转化高地，合力打造区域特色生态产品，努力完成生态产品更高溢价以及"1+1+1>3"的价值转化效应。

"一核一带一区"区域发展格局中的"一区"是指将粤北山区建设成为生态发展区，探索其中的生态产品价值实现。2020年广东省梅州市大埔县发布的《积极探索生态发展区生态价值实现的有效机制》提出不断优化生态产品价值实现的路径，包括：一是纵向延伸林业产业链条，横向促进跨业融合相结合，发展高效林业的同时赋予林产品更多价值内涵；二是由于粤北地区"八山一水一分田"的环境特征以及地方特色的文化底蕴，具备打造生态旅游、文化旅游项目和品牌的先天条件，可因地制宜地打造全球知名旅游目的地、服务粤港澳大湾区的旅游休闲区；三是创新发展绿色生态农业，开发具有山区特色的名特优新产品，如优质水稻、高山茶①以及名贵南药等生态绿色农业。

可见，跨区域生态产品价值的实现应该充分认识到各区域的特殊性与差异性，因地制宜地建立价值实现机制，对京津冀的启示具体包括以下几个方面：

第一，突出差异化。区域间生态资源禀赋、综合供给能力往往出现较大的差异性，进而导致生态产品供给和生态产品价值出现区域错配。因此，构建跨区域生态产品价值实现机制需要区域间差异化管理生态产品，因地制宜地挖掘各区域优质的生态产品，提升生态产品供给能力的同时促进价值的实现。

第二，区域间发挥各自优势，协同发展。跨区域的生态产品需要建立产业链上的合作关系，协同优化各个环节的产能和效率，形成长期合作的局面，提高整个生态系统的效益。在销售环节，可联合成立不同的生态产品合作社，并与天猫、京东、淘宝等电商平台以及有良好信誉的生态产品线下门店合作，使其产品覆盖到全国乃至全球市场，推动生态产品销售价值的提升。

第三，加强品牌塑造与宣传力度。依托区域间特色生态产品大力推动品牌建设，同时运用科技手段提升生态产品的附加值，通过云端农业技术、土地试验区以及绿色种植技术等，加强生态产品的智能化水平，提高其科技含量。

第四，积极探索自然生态的文化价值，推动旅游业的发展。粤港澳大湾区通过加大对生态产品文化内涵的挖掘，发掘和传承了一批传统手工艺品和文化遗产，推动了生态产品的旅游价值。

---

① 指产自海拔较高山区的茶。

第六章　解决相关难点的对策建议

本章以推进京津冀生态领域协同发展的实际需求为导向，通过分析京津冀生态领域相关难点问题影响区域生态协同的机制路径，梳理总结国内外在区域碳汇市场、生态补偿常态化机制建设以及生态产品价值实现等三方面的典型成功经验，提出了下一步解决相关难点问题的对策建议。

一、促进京津冀区域碳汇市场建设的对策建议

（一）三地集聚优势资源打造全国领先的区域绿色交易所

三地要以北京绿色交易所和碳排放权电子交易平台为核心。首先，北京绿色交易所要加强研究如何参与全球环境权益交易，围绕碳量化、碳定价和碳金融等领域制定具有前瞻性、引领性且满足全球投资人、金融机构和交易所等各方需求的环境权益与绿色资产认证标准及交易标准，积极参与并尽快确立其在全国、亚太地区乃至全球的碳排放交易中的定价主导权；其次，充分利用北京自贸试验区政策推动碳交易领域的制度创新，使

北京绿色交易所成为国内国际绿色交易资金的主要集散地和核心枢纽，既可畅通国内国际资金进出北京绿色交易所的绿色通道，使得海外资金能够相对便捷地参与北京绿色交易所相关绿色资产的交易，也可以使国内资金便捷地进入国际市场参与国际绿色资产交易；最后，应积极参与并主导全国低碳发展规划的制定、温室气体排放清单的编制及全国碳信息管理系统的搭建等工作，围绕气候投融资项目库建设、碳排放核算核查、碳资产交易、绿色金融综合服务等领域开展深入研究并推动标准制定，同时积极为地方政府及企业提供低碳发展咨询，为我国绿色减排提供全方位支撑。

（二）丰富碳定价机制并探索开设三地个人碳账户

碳定价机制是碳排放控制机制的基本工具，规范企业和个人的碳账户利用在构建绿色发展体系中占据重要地位。首先，应构建完善的、三地统一的碳定价机制，加强环境权益类产品体系与交易体系的建设，真正让碳变成可测量、可估值、可确权、可供交易的金融性资产，确保碳交易价格超过绿色成本，确保企业绿色技术改造和低碳工艺提升能顺利开展，使绿色发展成为企业自主行为；其次，建立标准统一的碳排放信息披露制度，利用网络平台技术推动各碳排放主体主动披露其排放量及排放方式，按照"谁排碳谁承担成本"的原则，有效实现碳排放负外部效应内部化，倒逼社会主体特别是企业主体实现绿色低碳发展；最后，在三地试点探索建立个人碳账户，为每一居民分配一定碳排放配额，存于个人碳账户中，当居民购买化石能源和高碳产品时按标准予以扣除，未使用部分可集中在北京绿色交易所进行交易，超出配额部分应征收相应的碳税，以促进三地居民绿色低碳生活方式的形成。

（三）创新碳汇产品的绿色金融工具，探索异地发行机制

首先，要创新绿色金融工具、丰富绿色交易模式。比如，通过发行绿色债券、开展环境权益抵押质押交易，积极为绿色企业提供绿色融资，推动企业的绿色低碳创新和绿色技术推广；再如，分别构建基于企业主体和基于自然人主体的绿色交易市场，创新交易模式，让采用低碳生产方式和低碳生活方式的各主体在绿色发展中获益，并且逐步探索三地间异地发行绿色金融产品的常态化机制。其次，推行社会各领域 ESG 标准制定，明确各主体环境责任，将各主体环境责任考核纳入政府财政资金支持、金融企业融资支持、社会融资支持的标准，提高各主体绿色发展中的违法代价，推动各主体主动自愿减排意识的形成。最后，要坚决贯彻"绿水青山就是金山银山"的理念，积极发展绿色能源体系，推动产品碳消费税的征收，大力培育公众绿色消费意识，积极推广绿色低碳生活方式，稳步推动零碳社会的实现。

（四）以制度建设为抓手推进减污降碳协同合作

首先，要加强三地减污降碳协同合作，需综合考量我国"双

碳"目标、京津冀碳排放的具体情况以及三地发展模式之间存在的差异,设计三地能源、电力与建筑等关键领域的碳减排路线图。同时,在协调京津冀三地碳达峰相关问题时,需特别注意河北的产业结构、能源基础和与京津的发展差异等问题,确保三地在有序过渡中达成碳达峰的目标。其次,需建立能源科技创新体系以推动能源转型、提高能源利用效率以及改善自然环境,最大限度利用河北丰富的自然资源与北京、天津的研发优势,共推清洁能源的发展,在重要领域展开合作研究,致力打造京津冀地区的低碳技术发展新中心。开展多层次、多领域低碳试点,建设张家口后奥运低碳经济示范区和雄安新区近零碳区试点。最后,不断完善京津冀绿色生态屏障建设,加强森林、湿地等碳库的固碳作用。依托三地自然资源禀赋,依据张家口—首都水源涵养和生态环境支撑的定位,建立塞罕坝生态文明建设示范区,实施大规模植树造林、建设三北防护林以及推进雄安新区千年秀林等重点项目,以扩大森林生态空间,有效增强森林碳汇能力。此外,海洋岸电项目也需积极推进,全方位打造唐山港、秦皇岛港、黄骅港等绿色生态港口,有效增加区域蓝色碳汇量。

二、推进京津冀生态补偿常态化机制建设的对策建议

(一)完善政府主导的生态补偿机制

政府在生态补偿方面应该发挥主体和主导作用,建立以中央

政府补偿为主、地方间横向补偿为辅的生态补偿机制；在中央政府与地方政府之间进行明确分工：中央政府重点解决生态环境支撑区可持续发展的问题（主要包括提升基础设施和教育医疗等公共服务水平），以保证对生态环境支撑区生态补偿的持续性和稳定性；地方政府根据"谁受益、谁付费"原则，进行基于项目的横向补偿。要完善政府间横向财政转移支付制度，设立京津冀生态补偿专项资金，实行专门账户独立管理，对环境保护政策实施所形成的增支减收给予合理补偿。

（二）完善市场运作的生态补偿机制

市场补偿是政府补偿的有益补充，是促进生态补偿机制实现有效运转的关键。首先是推进生态资源价值化，建立和完善碳排放权交易、排污权交易等市场化运作机制。其次是鼓励民间组织和个人参与生态补偿。可通过发行京津冀生态彩票、居民自发植树造林、慈善捐赠或者向碳基金组织购买碳汇、采取低碳生活模式等方式，为生态环境建设贡献自己的力量。最后是完善生态产品资格认证制度，以对高质量生态产品高付费的方式，形成一种由消费者买单的生态服务付费机制。

（三）完善生态补偿标准的确定机制

首先，综合考虑投入成本、机会成本和服务质量来确定生态补偿标准。要综合考虑地区的发展阶段、地区补偿的承受能力和市场价格变化等，生态补偿上限应该考虑发展阶段和社会所能承受的最大限度，补偿下限应至少能弥补生态补偿直接成本；同时也要考虑生态涵养区为承担生态主体功能而丧失的经济发展机会可能带来的收益；还要根据生态服务质量来确定补偿标准。其次，共建国家级生态合作试验区，区内统一补偿标准。建议联合河北的承德、张家口、保定山区，北京西部、北部，天津北部等生态涵养区，共同申请设立国家级生态合作试验区，通过生态补偿政策的先行先试，为全国生态涵养区发展探索新路子，如区内统一生态补偿标准，在护林员、植树造林、稻改旱等方面率先实现区域内同工同酬的待遇。最后，应结合经济发展水平适时调整补偿标准。生态补偿标准应该结合实际情况，考虑当期的经济发展阶段、居民收入水平和物价水平适时调整，提升补偿客体对生态建设和维护的积极性，以保障生态涵养区建设取得最佳成效。

（四）完善生态补偿政策体系

首先要尽快出台生态补偿条例及其实施细则和技术指南，明确各类主体参与生态补偿的权责界定，对生态补偿的违约行为作出明确的惩处规定。其次，以产业投资提升生态环境支撑区"造血"能力，加大政府扶持力度，支持在生态环境支撑区发展生态友好型产业和高新技术产业，可将一些生态友好型产业优先在张家口、承德等生态环境支撑区布局（目前虽然一些项目已落地，但还不足以支撑区域的经济发展）。最后，适时开展生态补偿税（费）试点工作，将所征的环境税、气候税等税收通过基金投资的方式进行管理，提升补偿资金自身的"造血"功能，并针对为生态保护而陆续关停的众多企业建立产业退出援助基金。

三、畅通京津冀生态产品价值实现的对策建议

（一）京津冀地区应建立健全跨区域生态产品价值实现的统筹协调机制

首先，京津冀地区应明确在生态产品价值实现过程中的领导者，以制度保障的形式赋予其领导权威，旨在解决由于领导权威缺失所造成的跨区域生态产品价值实现协调难的问题。其次，考虑到跨区域生态产品价值实现的复杂性，京津冀三地有关部门应调配相关成员、创建相应机构，通过制定清晰的制度流程，明确京津冀跨区域生态产品价值实现的运行模式。最后，完善考核机制，探索将生态产品供给能力、环境质量提升以及生态保护成效等有关指标纳入京津冀地区高质量发展的综合绩效评价体系。

（二）京津冀需明确生态产品目录清单

首先，可利用卫星遥感等检测技术获取生态资源的信息，进而展开生态产品的调查工作，以调查工作结果为基准制定京津冀生态产品的目录清单并记录数量、质量等相关信息。其次，建立生态产品动态监测系统，根据需要及时跟踪了解生态产品数量、

质量等级、功能特点、权益归属、保护利用情况等相关信息。再次，还需打造一个可共享生态产品信息的云平台，通过信息共享和增加透明度，加强监督并促进管理资源的合理利用。最后，京津冀三地需遵循国家制定的生态产品认证评价标准及体系，积极推动生态产品认证与标识体系建设。

（三）京津冀需明确生态产品价值评价体系

首先，为促进京津冀地区生态产品的标准化，需建立适应地区特点的生态产品价值核算指标体系和技术规范。

其次，需依据国家生态产品总值核算规范体系，推进京津冀三地生态产品总值统计制度的建设。再次，尝试将生态产品价值核算的相关基础数据归类至国民经济核算体系，按期发布京津冀地区生态产品总值核算的相应结果。最后，制定适用于特定地域的评价体系，促进京津冀生态产品的可持续发展，通过对当地资源的全面评估和管理，确保其能够在长期内稳定地提供生态产品和服务。

（四）京津冀需完善生态产品价值实现支撑体系

首先，京津冀三地需尽快完成自然资源统一确权的登记，确定区域内自然资源资产的产权主体，明确所有权和使用权的范围，增加使用权的灵活性，并合理分配权利和责任。其次，京津冀三地需制定相应的政策，鼓励成立生态产品经营或生态资源权益交易企业，进一步可考虑成立生态产品交易场所，促进生态产品流通、价格发现、品牌推广、交易安全和生态产业发展等。再次，需积极寻求基于生态产品功能、反映生态产品成本、体现市场供求关系的价格机制。最后，应该在京津冀地区培养一个共同的生态产品品牌，鼓励交易生态资源的权益，加强绿色金融支持，以推动生态产品的价值提升。

参考文献

[1] 包庆德，梁博．关于京津冀协同发展进程的生态维度考量 [J]．哈尔滨工业大学学报（社会科学版），2018，20（2）：100-106.

[2] 张贵，齐晓梦．京津冀协同发展中的生态补偿核算与机制设计 [J]．河北大学学报（哲学社会科学版），2016，41（1）：56-65.

[3] 赵新峰，袁宗威．京津冀区域大气污染协同治理的困境及路径选择 [J]．城市发展研究，2019，26（5）：94-101.

[4] 王芳．基于耦合协调度模型的生态系统与经济系统协同发展研究：以京津冀地区为例 [J]．湖北社会科学，2021（6）：64-72.

[5] 柳天恩．京津冀协同发展：困境与出路 [J]．中国流通经济，2015，29（4）：83-88.

[6] 王宏斌．制度创新视角下京津冀生态环境协同治理 [J]．河北学刊，2015，3（5）：125-129.

[7] 刘广明．协同发展视域下京津冀区际生态补偿制度构建 [J]．哈尔滨工业大学学报（社会科学版），2017，19（4）：

36-43.

[8] 王家庭，曹清峰 . 京津冀区域生态协同治理：由政府行为与市场机制引申 [J]. 改革，2014（5）：116-123.

[9] 张彦波，佟林杰，孟卫东 . 政府协同视角下京津冀区域生态治理问题研究 [J]. 经济与管理，2015，29（3）：23-26.

[10] 孙钰 . 探索建立中国式生态补偿机制：访中国工程院院士李文华 [J]. 环境保护，2006（19）：4-8.

[11] 李文华，刘某承 . 关于中国生态补偿机制建设的几点思考 [J]. 资源科学，2010，32（5）：791-796.

[12] 郭荣中，申海建 . 基于生态足迹的澧水流域生态补偿研究 [J]. 水土保持研究，2017，24（2）：353-358.

[13] 汪劲 . 中国生态补偿制度建设历程及展望 [J]. 环境保护，2014，42（5）：18-22.

[14] 杜哲，陈哲思，闫丰，等 . 京津冀区域生态补偿与生态协同机制研究 [J]. 山西农经，2018（13）：68-70.

[15] 佟丹丹 . 京津冀生态共享与区域生态补偿机制研究：以河北张家口为例 [J]. 宏观经济管理，2017（S1）：42-43.

[16] 王喆，周凌一 . 京津冀生态环境协同治理研究：基于体制机制视角探讨 [J]. 经济与管理研究，2015，36（7）：68-75.

[17] 李惠茹，丁艳如 . 京津冀生态补偿核算机制构建及推进对策 [J]. 宏观经济研究，2017（4）：148-155.

[18] 刘广明，尤晓娜 . 京津冀流域区际生态补偿模式检讨与优

化［J］. 河北学刊, 2019, 39（6）: 185-189.

［19］王瑞娟, 彭文英, 刘丹丹. 共建共治共享视角下京津冀城市生态补偿研究［J］. 生态环境学报, 2021, 30（5）: 1103-1110.

［20］张鹏, 刘瑶瑶, 王鹏飞, 等. 京津冀一体化进程中县域生态补偿机制研究: 以保定市定兴县为例［J］. 生态与农村环境学报, 2019, 35（6）: 747-755.

［21］郭年冬, 李恒哲, 李超, 等. 基于生态系统服务价值的环京津地区生态补偿研究［J］. 中国生态农业学报, 2015, 23（11）: 1473-1480.

［22］杜贺秋, 于铄, 张蓬涛, 等. 京津冀地区水源涵养价值流动分析及生态补偿额度［J］. 生态学报, 2022, 42（23）: 9871-9885.

［23］段铸, 刘艳, 孙晓然. 京津冀横向生态补偿机制的财政思考［J］. 生态经济, 2017, 33（6）: 146-150.

［24］韩兆柱, 任亮. 京津冀跨界河流污染治理府际合作模式研究: 以整体性治理为视角［J］. 河北学刊, 2020, 40（4）: 155-161.

［25］魏巍贤, 王月红. 京津冀大气污染治理生态补偿标准研究［J］. 财经研究, 2019, 45（4）: 96-110.

［26］彭文英, 王瑞娟, 刘丹丹. 城市群区际生态贡献与生态补偿研究［J］. 地理科学, 2020, 40（6）: 980-988.

［27］宋煜萍. 长三角生态补偿机制中的政府责任问题研究［J］.

学术界，2014（10）：165-173，311.

[28] 麻智辉，李小玉．流域生态补偿的难点与途径［J］．福州大学学报（哲学社会科学版），2012，26（6）：63-68.

[29] 李虹，张希源．区域生态创新协同度及其影响因素研究［J］．中国人口·资源与环境，2016，26（6）：43-51.

[30] 罗琼．"绿水青山"转化为"金山银山"的实践探索、制约瓶颈与突破路径研究［J］．理论学刊，2021（2）：90-98.

[31] 宋蕾．生态产品价值实现的共生系统与协同治理［J］．理论视野，2022（7）：61-67.

[32] 李强．政企双向驱动的生态产品价值实现机制与路径研究［D］．西安：西北大学，2022.

[33] 王夏晖，朱媛媛，文一惠，等．生态产品价值实现的基本模式与创新路径［J］．环境保护，2020，48（14）：14-17.

[34] 沈辉，李宁．生态产品的内涵阐释及其价值实现［J］．改革，2021（9）：145-155.

[35] 王茹．基于生态产品价值理论的"两山"转化机制研究［J］．学术交流，2020（7）：112-120.

[36] 洪传春，张雅静，刘某承．京津冀区域生态产品供给的合作机制构建［J］．河北经贸大学学报，2017，38（6）：95-100.

[37] 陆小成．新发展阶段北京生态产品价值实现路径研究［J］．生态经济，2022，38（1）：218-223.

[38] 林黎．我国生态产品供给主体的博弈研究：基于多中心治理结构［J］．生态经济，2016，32（7）：96-99.

[39] 华章琳. 生态环境公共产品供给中的政府角色及其模式优化 [J]. 甘肃社会科学, 2016 (2): 251-255.

[40] 唐潜宁. 生态产品的市场供给制度研究 [J]. 人民论坛·学术前沿, 2019 (19): 112-115.

[41] 金铂皓, 黄锐, 冯建美, 等. 生态产品供给的内生动力机制释析: 基于完整价值回报与代际价值回报的双重视角 [J]. 中国土地科学, 2021, 35 (7): 81-88.

[42] 彭文英, 尉迟晓娟. 京津冀生态产品供给能力提升及价值实现路径 [J]. 中国流通经济, 2021, 35 (8): 49-60.

[43] 刘伯恩. 生态产品价值实现机制的内涵、分类与制度框架 [J]. 环境保护, 2020, 48 (13): 49-52.

[44] 康传志, 吕朝耕, 王升, 等. 中药材生态产品价值核算及实现的策略分析 [J]. 中国中药杂志, 2022, 47 (19): 5389-5396.

[45] 董战峰, 张哲予, 杜艳春, 等. "绿水青山就是金山银山" 理念实践模式与路径探析 [J]. 中国环境管理, 2020, 12 (5): 11-17.

[46] 杨明月, 陈佳馨. 生态旅游践行生态文明建设: 理论逻辑与政策建议 [J]. 价格理论与实践, 2022 (10): 87-91.

[47] 韩君. 生态系统碳汇核算: 研究进展、实践困境与体系构建 [J]. 贵州社会科学, 2023 (2): 114-120.

[48] 范振林, 宋猛, 刘智超. 发展生态碳汇市场助推实现 "碳中和" [J]. 中国国土资源经济, 2021, 34 (12): 12-21, 69.

［49］令狐大智，罗溪，朱帮助．森林碳汇测算及固碳影响因素
研究进展［J］．广西大学学报（哲学社会科学版），2022，
44（3）：142-155.

［50］尕丹才让，李忠民．碳汇交易机制在西部生态补偿中的借
鉴与启示［J］．工业技术经济，2012，31（3）：139-144.

［51］牛玲．碳汇生态产品价值的市场化实现路径［J］．宏观经济
管理，2020（12）：37-42，62.

［52］张樨樨，郑珊，余粮红．中国海洋碳汇渔业绿色效率测度及
其空间溢出效应［J］．中国农村经济，2020（10）：91-110.

［53］杜之利，苏彤，葛佳敏，等．碳中和背景下的森林碳汇及其
空间溢出效应［J］．经济研究，2021，56（12）：187-202.

［54］王艳林，杨松岩，秦帅，等．内蒙古与发达地区开展跨区
域碳排放权交易的优势与劣势分析［J］．资源开发与市场，
2018，34（8）：1116-1122，1073.

［55］杨林，郝新亚，沈春蕾，等．碳中和目标下中国海洋渔业
碳汇能力与潜力评估［J］．资源科学，2022，44（4）：
716-729.